Volker Kratzenberg-Annies

RAUMFAHRT

Die schönsten Bilder aus dem All

In Zusammenarbeit
mit der Europäischen Weltraumorganisation ESA

KNESEBECK

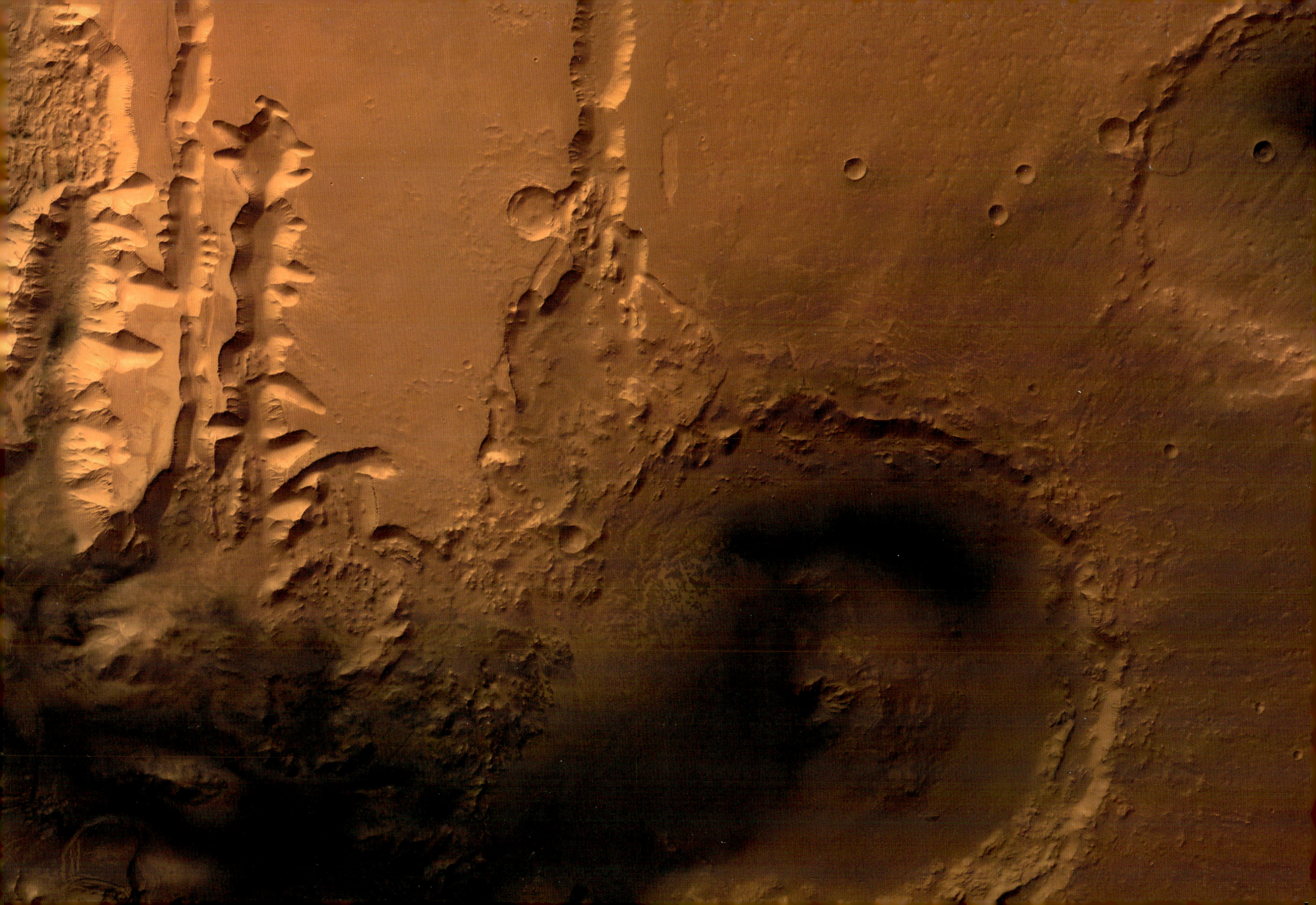

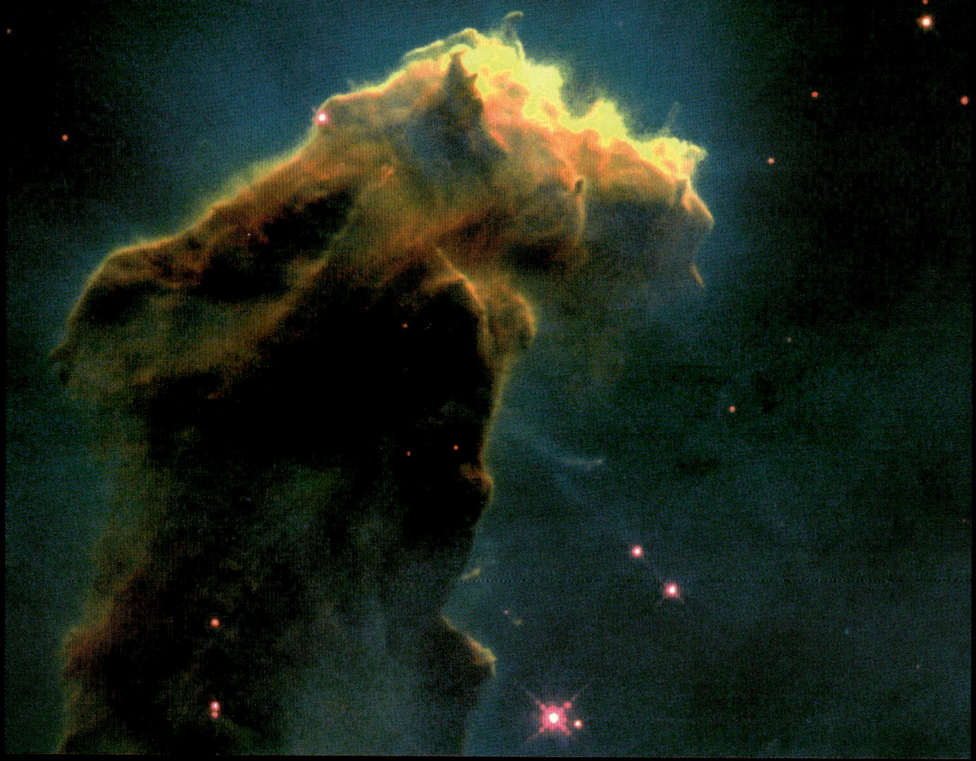

Zu den Bildern auf diesen Seiten:

Cover: Die Plejaden – »gesehen« vom Weltraum-Teleskop Hubble

Seite 2/3: Marslandschaft, aufgenommen von Mars Express

Seite 4/5: Ein Ring aus jungen Sternen umgibt eine Galaxie.

Seite 6: Ein Teil des Adler-Nebels

Seite 7: Der Helix-Nebel – Überreste eines Sterns

Seite 8: Die Erde, fotografiert von Astronauten aus der Umlaufbahn

Inhalt

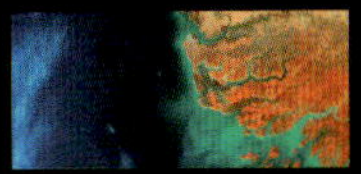

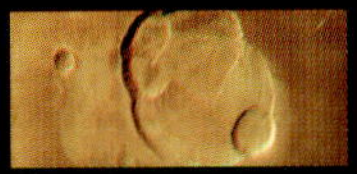

esa
esa
cnes
cnes

Vorwort

Kein Tag vergeht, ohne dass wir in der einen oder anderen Art und Weise Anwendungen nutzen, die auf den Errungenschaften der Raumfahrt basieren: von der Wettervorhersage über satellitengestützte Navigationssysteme bis hin zu Live-Übertragungen im Fernsehen. Und für die Umweltforschung ist die Erdbeobachtung mittels Satelliten ein unverzichtbares Instrument geworden.

Zugleich geht von der Raumfahrt, der Erforschung des Weltalls durch Astronauten oder unbemannte Sonden, eine enorme Faszination aus. Die Erkundung fremder Welten innerhalb unseres Sonnensystems und der Blick zu fernen Sternen und Galaxien jenseits der Milchstraße, die Suche nach außerirdischem Leben und die Frage nach der Entstehung des Universums – all dies ist nicht nur von wissenschaftlichem Interesse. Und je weiter wir hinausschauen ins All, desto mehr lernen wir über unseren eigenen Planeten, über seine Entstehung und Entwicklung, und über unseren Platz im Kosmos, unser »Woher« und »Wohin«.

Allen Raumfahrt-Aktivitäten ist somit eines gemeinsam: Sie bereichern unser Leben – ob durch technologische Innovation oder durch inspirierende Erkenntnisse und neue Einsichten.

Dieses Buch lädt dazu ein, in die faszinierende Welt der Raumfahrt einzutauchen – mit atemberaubenden Aufnahmen von Monden, Planeten, Sternen und Galaxien, Fotos, die Astronauten während ihrer Flüge ins All aufgenommen haben, sowie beeindruckenden Satellitenbildern von unserer Erde, die dem Erhalt unserer natürlichen Lebensgrundlagen dienen.

Links: Voraussetzung für alle Raumfahrt-Aktivitäten und damit für zahlreiche Errungenschaften und Erkenntnisse sind leistungsfähige Trägerraketen, die schwere Lasten ins All transportieren können. Das Bild zeigt die europäische Ariane 5 in Kourou (Französisch-Guayana) kurz vor dem Start.

UMWELTFORSCHUNG IN DER UMLAUFBAHN

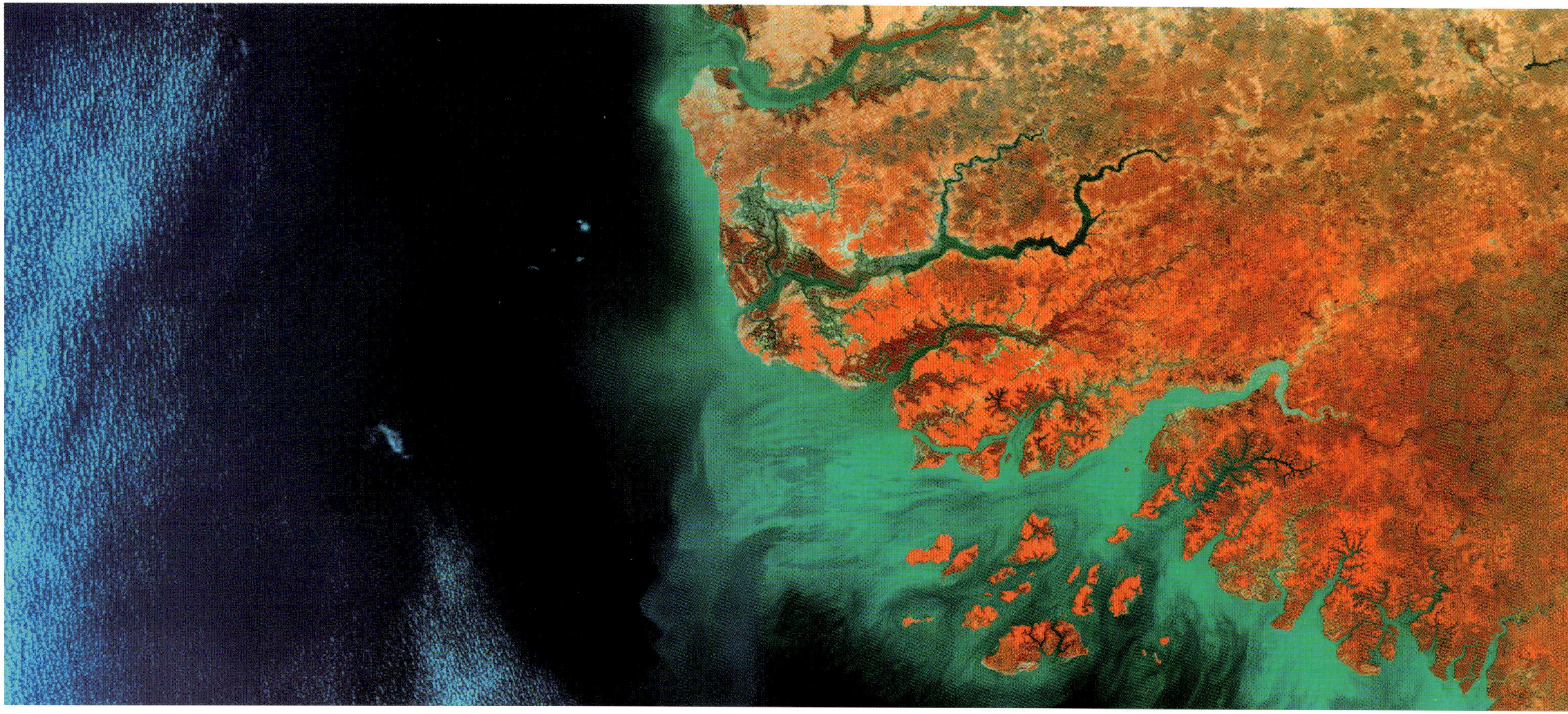

Umweltforschung in der Umlaufbahn

Kaum war es dem Menschen gelungen, in den Weltraum zu fliegen, blickte er gebannt zurück auf seinen Heimatplaneten. Bald schon wurden die ersten Satelliten zur Erdbeobachtung gestartet. Bis heute ist ein Großteil der Raumfahrt nichts anderes als eine »Mission zum Planeten Erde«.

Zahlreiche Umweltfragen lassen sich nur beantworten, wenn die Erde aus globaler Sicht betrachtet wird. Im Überflug werden rund um die Uhr Daten über das Klimageschehen gesammelt sowie ökologisch bedeutsame Veränderungen auf Meeren und Kontinenten dokumentiert und analysiert.

Der größte und leistungsfähigste Umweltsatellit aller Zeiten, Envisat *(rechts)*, wurde von der Europäischen Weltraumorganisation ESA entwickelt. Er kann die Erdoberfläche mittels Radarsensoren selbst durch Wolken hindurch beobachten – wie es etwa für die Untersuchung des Regenwaldes unerlässlich ist – und auch nachts Aufnahmen machen. Täglich meldet Envisat den aktuellen Zustand der Ozonschicht. Tausende von Wissenschaftlern aus aller Welt greifen auf seine Daten zurück, um das »System Erde« besser verstehen zu können. Dies wiederum ermöglicht es ihnen, Handlungsempfehlungen für eine verantwortungsvolle und nachhaltige Umweltpolitik zu erarbeiten.

Auf den folgenden Seiten sind einige Aufnahmen dieses und anderer Satelliten abgebildet, die einen Überblick über das breite Spektrum der Erdbeobachtung und ihrer Anwendungen geben sollen. Bei der Aufbereitung solcher Satellitenbilder werden oft Falschfarben verwendet, um die wichtigsten Bildinhalte hervorzuheben.

Links: Die westafrikanische Küste mit Guinea-Bissau südlich des Senegal. Das Falschfarbenbild des europäischen Umweltsatelliten Envisat zeigt die Vegetation in rötlichen Tönen. Das von Schlamm und Sedimenten getrübte Wasser im Küstenbereich ist grün wiedergegeben.

... und nun das Wetter von morgen

Die Erde, genauer die westliche Hemisphäre, aus der Perspektive des europäischen Wettersatelliten Meteosat 2 aus 36 000 Kilometer Entfernung *(links)*. In dieser Höhe benötigen Satelliten exakt 24 Stunden für eine Umkreisung unseres Planeten. Da sich die Erde in dieser Zeitspanne bekanntlich ebenfalls einmal um sich selbst dreht, befindet sich der Satellit immer über demselben Ort. Man spricht in diesem Fall von einer geostationären Umlaufbahn. Der Vorteil: Der Satellit beobachtet immer den gleichen Bereich der Erdoberfläche. Das ermöglicht es, präzise Daten für die Wettervorhersage zu erheben. Die Genauigkeit solcher Daten konnte in den letzten Jahren dank ständig verfeinerter Satellitentechnik mehr und mehr verbessert werden. Während sich die Meteorologen früher selbst bei der Prognose für den folgenden Tag gelegentlich irrten, lässt sich heute das Wettergeschehen für die gesamte Woche recht zuverlässig vorhersagen. Davon profitieren wir nicht nur bei der Freizeitgestaltung. Für viele Berufszweige – von der Luftfahrt über den Schiffsverkehr bis zur Landwirtschaft – sind diese Informationen von größter Bedeutung.

Rechts: Polare Kaltluft über Kanada – aufgenommen von Envisat

Nächste Doppelseite links: Ein Tiefdruckgebiet vor Island

Nächste Doppelseite rechts: Der Golf von Neapel im Radarbild. Die vom Wind aufgeraute Wasseroberfläche reflektiert die Radarsignale in schillernden Farben.

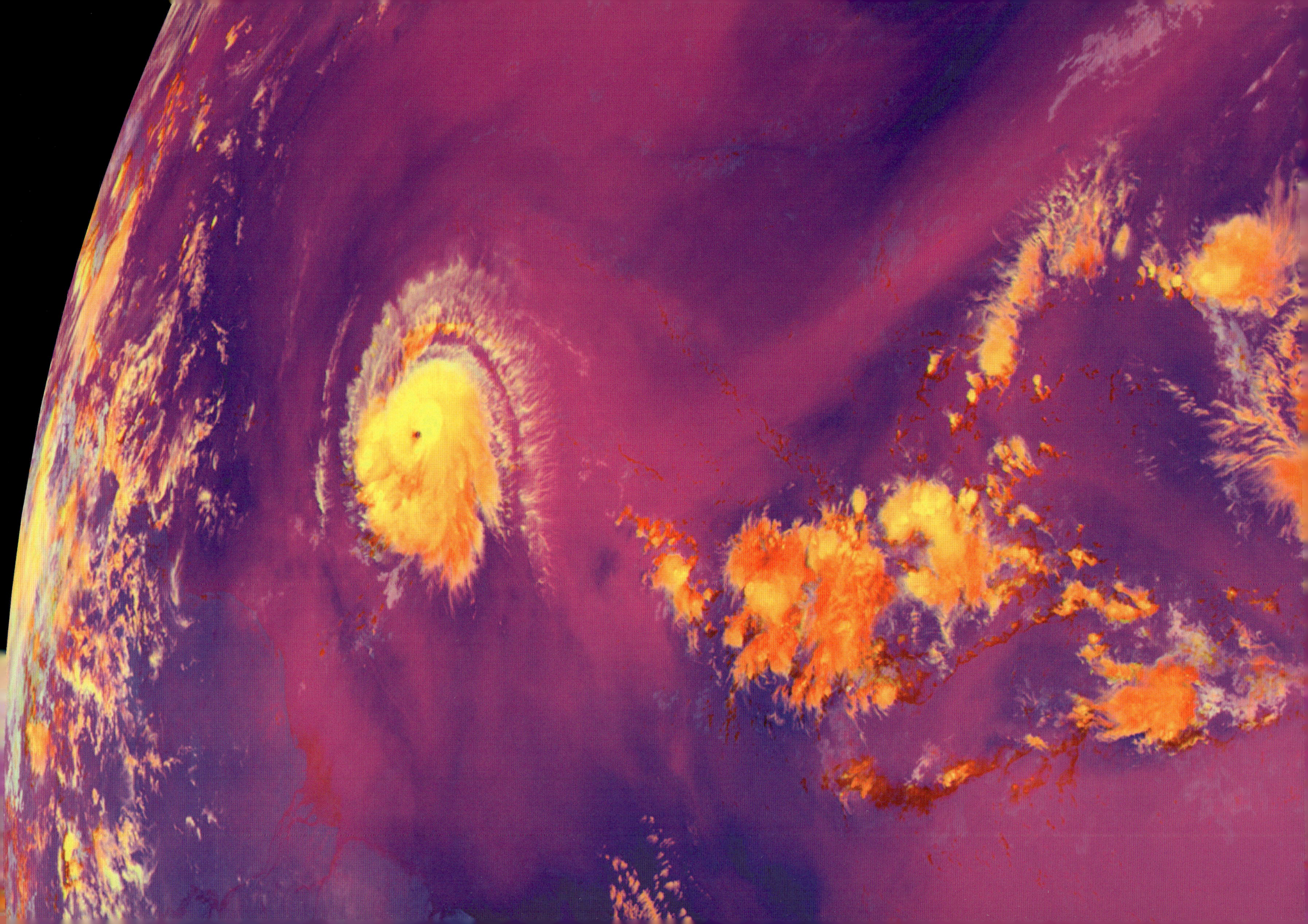

Wenn Satelliten Leben retten

Tausende von Menschenleben werden jedes Jahr dank hochentwickelter Satellitentechnik gerettet. Die »Späher« im All erkennen frühzeitig Wirbelstürme, die sich weit draußen auf den Weltmeeren bilden – und die ohne Satelliten zunächst oft unentdeckt blieben. Stärke, Geschwindigkeit und auch die Richtung, die ein Hurrikan oder Taifun einschlägt, lassen sich verlässlich ermitteln. So kann die Bevölkerung frühzeitig gewarnt und im Ernstfall zur Evakuierung bedrohter Gebiete aufgefordert werden.

Links: Der Hurrikan Ivan rast auf die US-Küste zu – aufgenommen von Meteosat 8, einem der weltweit modernsten Wettersatelliten (Bild: Eumetsat).

Rechts oben: Der Hurrikan Isabel vor der amerikanischen Atlantikküste. Das Envisat-Bild vom September 2003 zeigt in Falschfarben die Temperaturen auf der Wolkenoberfläche und somit die Wolkenhöhen an.

Rechts unten: Vereinfacht gesagt, kombiniert diese von der NASA angefertigte Darstellung drei Satellitenbilder desselben Hurrikans, die zu unterschiedlichen Zeiten aufgenommen worden waren. Das sogenannte multitemporale Bild zeigt, wie der Wirbelsturm auf seinem Weg in Richtung der amerikanischen Küste an Umfang zunimmt.

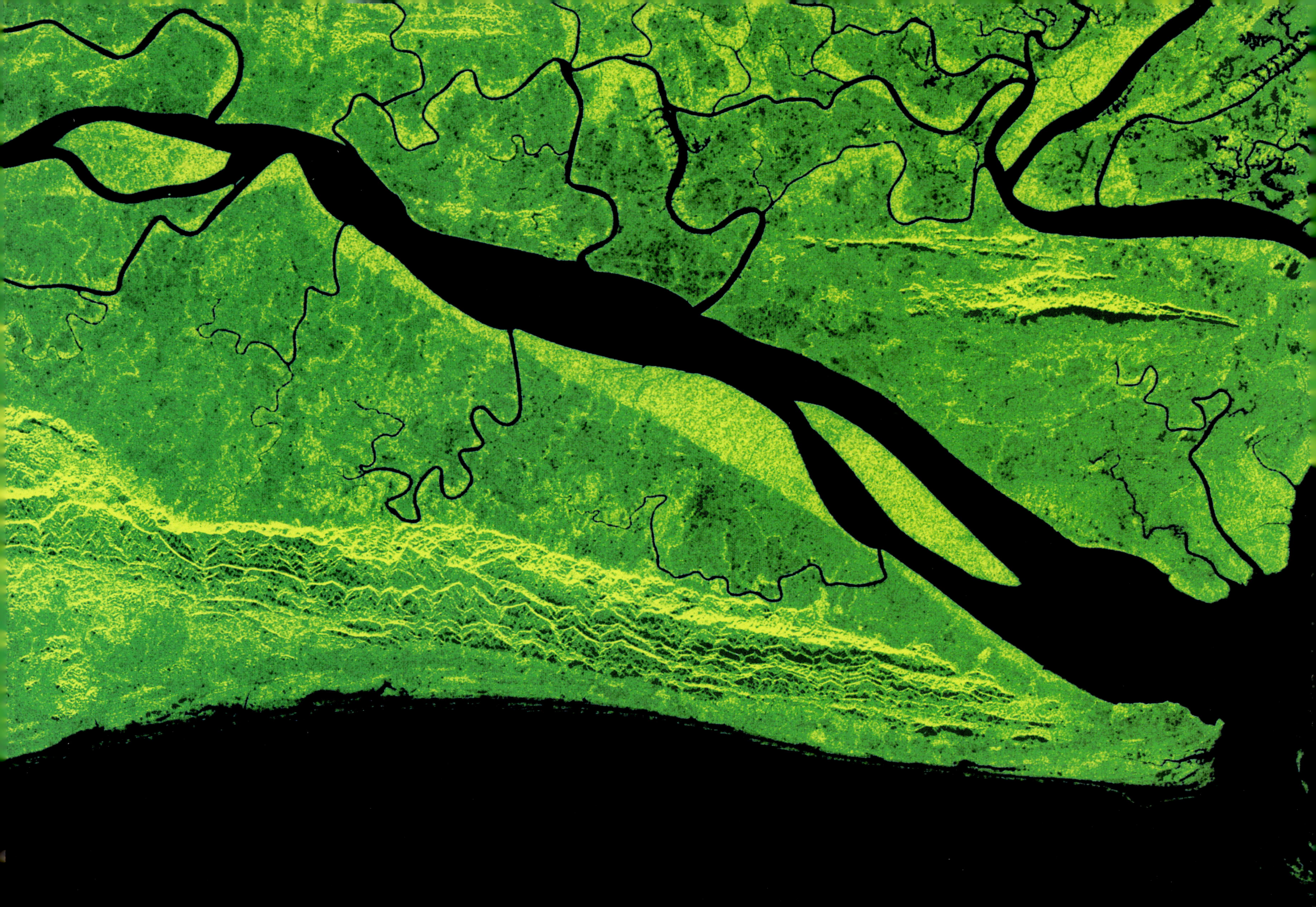

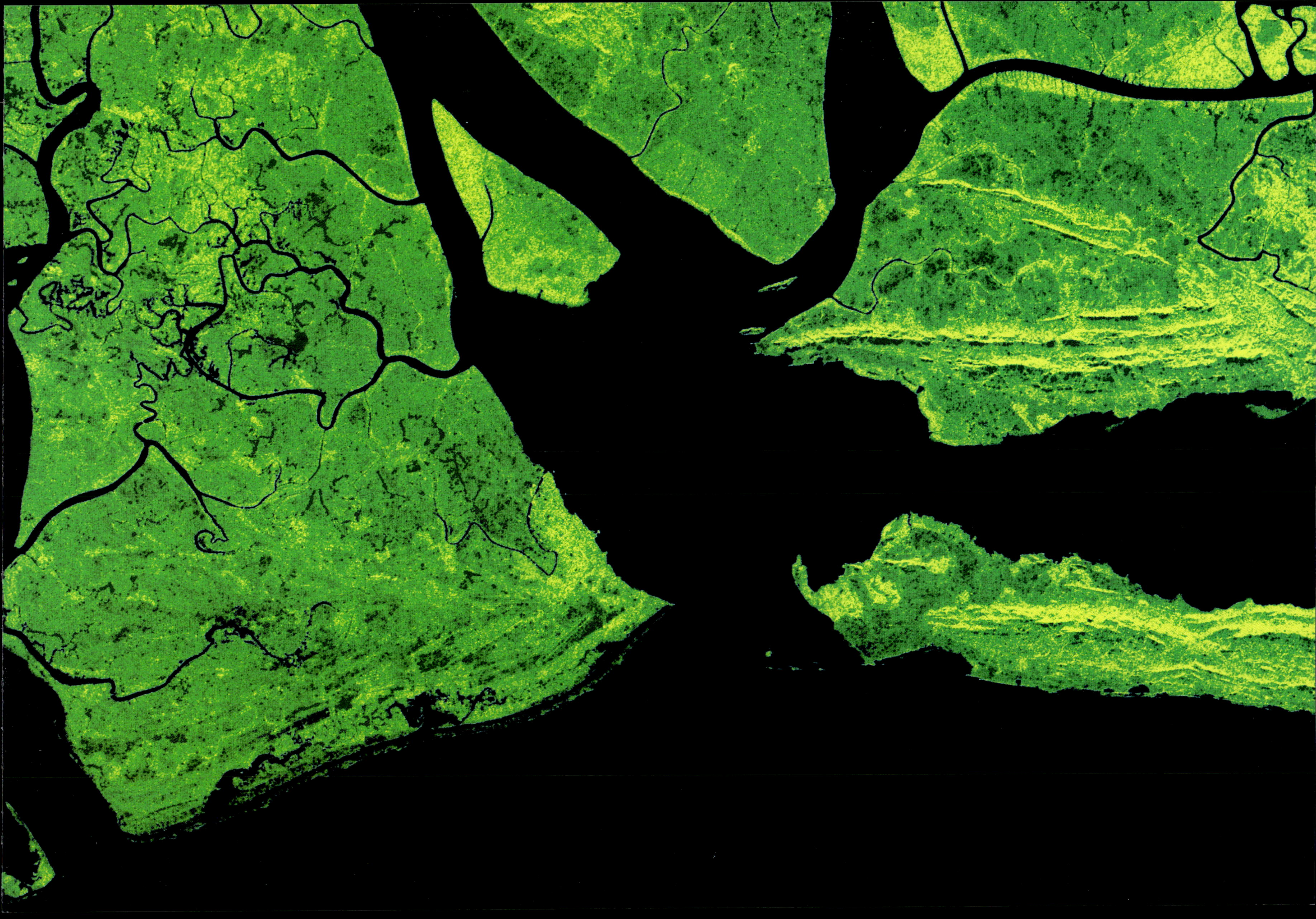

Bevor die Flut kommt

Die Abbildung auf Seite 22/23 zeigt die Küstenregion von Myanmar, dem früheren Birma. Da ein großer Teil des Landes nur knapp über dem Meeresspiegel liegt, kommt es dort besonders häufig zu Überflutungen. Das Bild entstand im Rahmen der deutsch-amerikanischen Shuttle-Mission SRTM, die die dreidimensionale Kartierung der Erde zum Ziel hatte.

Auch in Europa traten in den vergangenen Jahren vermehrt Flüsse wie die Rhone, der Rhein oder die Elbe über die Ufer. Mit Hilfe von Satellitenbildern werden gefährdete Gebiete frühzeitig identifiziert. So können Städte und Gemeinden Vorsorge treffen, bevor die nächste Flut kommt. Diese Envisat-Bilder zeigen die Elbe in Deutschland *(links)* und nahe Prag *(rechts)* im August 2002. Die überfluteten Gebiete sind blau wiedergegeben.

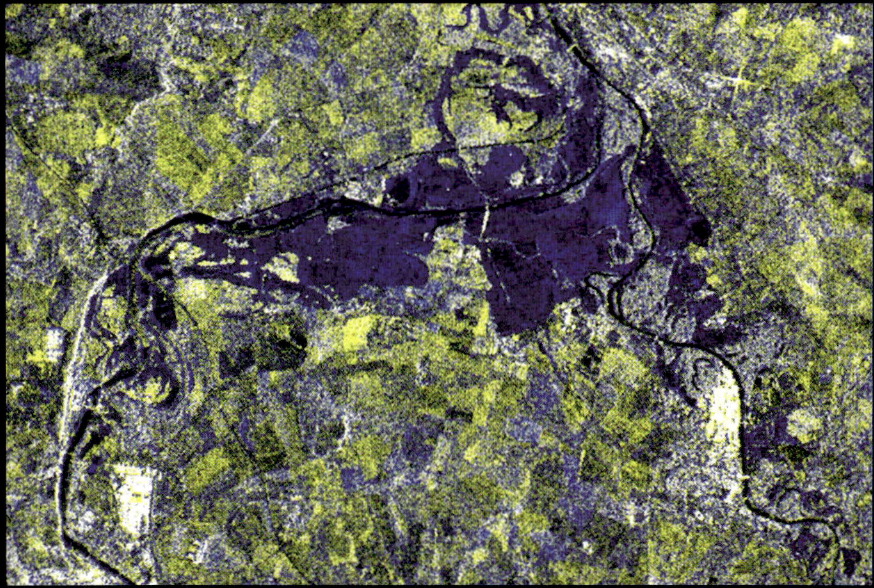

Nächste Doppelseite links: Das Lena-Delta in Russland (Falschfarbenbild: Landsat 7)

Nächste Doppelseite rechts: Die Malediven, eines der bedrohten Paradiese der Erde – aufgenommen vom Satelliten Terra

Der Süden Frankreichs wird immer wieder von schweren Waldbränden heimgesucht. Das Foto auf der linken Seite zeigt die Rauchfahne eines aktuellen Brandherdes rechts an der Küste. In den grauen Gebieten etwas weiter links hat es bereits gebrannt. Satellitenbilder unterstützen die Planung der Einsatzkräfte, indem sie es ihnen ermöglichen, frühzeitig Hilfsmaßnahmen einzuleiten.

Auch in anderen Bereichen des Katastrophenschutzes und des Krisenmanagements sind Informationen aus dem All hilfreich: Nach Erdbeben geben Satellitenbilder einen ersten Überblick über das Ausmaß der Schäden und zeigen an, welche Straßen für die Rettungsmannschaften noch befahrbar sind. Überschwemmungen, Vulkanausbrüche, Erdrutsche – in vielen Fällen werden bei der Vorbeugung oder bei Bergungsarbeiten Satellitendaten benötigt. Die Europäische Weltraumorganisation ESA hat daher zusammen mit der französischen Raumfahrtagentur CNES, der Canadian Space Agency und anderen Partnern einen Verbund ins Leben gerufen, der im Ernstfall alle verfügbaren satellitengestützten Informationen umgehend an die zuständigen Stellen übermittelt. Auch die UNO beteiligt sich an diesem Netzwerk im Dienste des Katastrophenschutzes.

Rechts: Buschbrände in Kalifornien (Bild: NASA)

Satelliten helfen bei der Ernte

Aus großer Höhe betrachtet, sehen landwirtschaftlich genutzte Flächen wie eine Patchwork-Decke aus. Auf der linken Seite ist eine Aufnahme des französischen Satelliten SPOT 4 von Rotterdam zu sehen (Copyright: CNES 1999; Distribution: Spot Image). Das rechts abgedruckte Bild der Niederlande wurde vom ESA-Satelliten Envisat aufgenommen. Beide Bilder liefern in Falschfarben vielfältige Informationen. Worüber ein Falschfarbenbild im Einzelnen Auskunft gibt, hängt von den verwendeten Sensoren und der Art der Datenaufbereitung ab. So können die einzelnen Farbtöne beispielsweise verschiedenen Pflanzenarten zugeordnet werden, die auf den jeweiligen Feldern wachsen. Auch der Reifezustand von Getreide, Reis und anderen Nutzpflanzen kann aus der mehrere hundert Kilometer hohen Umlaufbahn ermittelt werden. Auf diese Weise profitiert die Landwirtschaft von Informationen aus dem All. Behörden nutzen diese Daten ebenfalls – etwa um zu überprüfen, ob Flächenstilllegungen, für die Landwirte Prämien bekommen, tatsächlich eingehalten werden.

Wenn sich der Boden hebt und senkt

Längst sind Satellitenbilder für die moderne Stadtplanung unerlässlich geworden. Die Kommunen greifen bei unterschiedlichsten Aufgaben auf Informationen aus dem All zurück, etwa für die Ausweisung von Baugebieten, die Straßenführung oder wenn es um die Auswirkungen von größeren Baumaßnahmen auf das Mikroklima einer Stadt geht. Eine der häufigsten Anwendungen ist die Vermessung von Absenkungen des Bodens, zum Beispiel wenn eine neue U-Bahn-Linie gebaut wird. Mit ihren äußerst exakten Instrumenten können Satelliten solche Veränderungen des Höhenniveaus selbst aus einer über 800 Kilometer hohen Umlaufbahn millimetergenau bestimmen.

Auch Anhebungen des Erdbodens, die natürliche Ursachen haben wie einen bevorstehenden Vulkanausbruch, lassen sich mit Satelliten erkennen. Ihre Daten bilden hier einen festen Bestandteil des Frühwarnsystems.

Links: Radarbild von Paris. Veränderungen des Höhenniveaus werden in erster Linie von Radarsensoren ermittelt.

Rechts oben: Venedig mit dem Canal Grande. Hier werden Senkungen des Höhenniveaus besonders genau beobachtet.

Rechts unten: Der Ätna auf Sizilien

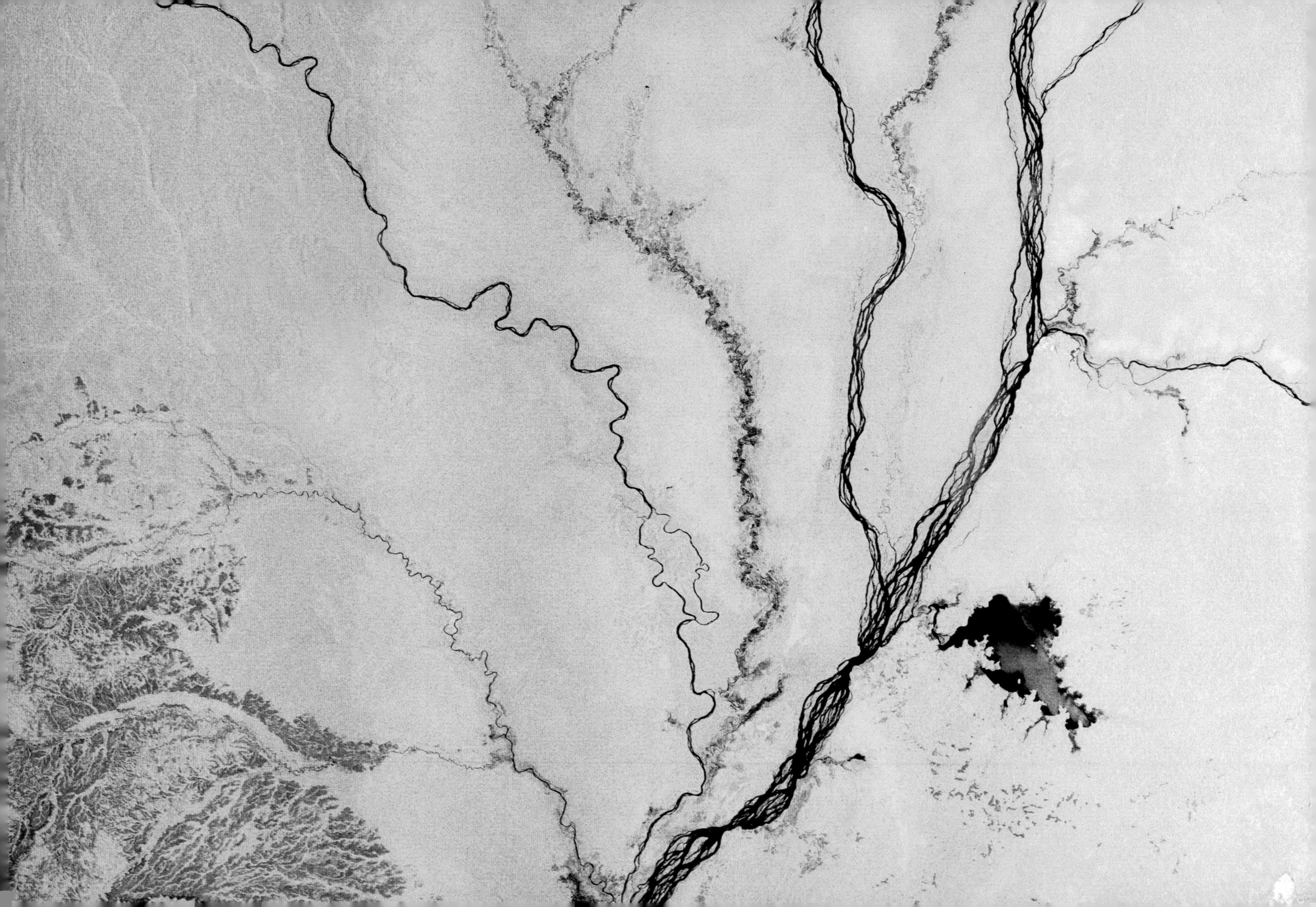

Auf der Suche nach Wasser

Wasser ist ein kostbares Gut – besonders in weiten Teilen Afrikas. Nicht immer treten Wasservorkommen so offen zutage wie an den großen Flüssen (auf dem Bild links der Kongo). Satelliten, die mittels Radarstrahlung sogar unter die Erdoberfläche »sehen«, können unterirdisches Wasser bis in eine Tiefe von 20 Metern aufspüren.

Nächste Doppelseite links: Der Südwesten Libyens. Hier wurde in den 1980er Jahren ein großes Projekt zur Förderung und Nutzung von Grundwasser initiiert.

Nächste Doppelseite rechts: Der Tanasee ist Äthiopiens größtes Gewässer. Die Bilder stammen von verschiedenen Sensoren des Satelliten Envisat, der insgesamt zehn unterschiedliche Instrumente an Bord hat, um die Erde, die polaren Eismassen, die Meere und die Atmosphäre zu untersuchen.

Wo der Regenwald brennt

Der Nordwesten Venezuelas *(links)*. In der Mitte des Bildes ist als bläulicher Fleck der Lago de Maracaibo zu sehen, darüber die beiden Halbinseln Guajira und Paraguana. Beim genaueren Betrachten erkennt man Rauchfahnen, die von Brandrodungen des Regenwaldes stammen. Da die großen Wälder Südamerikas als »grüne Lunge« der Erde ein entscheidender Bestandteil der Klimamaschine unseres Planeten sind, werden Satellitenbilder auch herangezogen, um die Abholzung der tropischen Wälder beziehungsweise Aufforstungsmaßnahmen zu überwachen. Viele internationale Abkommen zum Umweltschutz wären ohne die Kontrolle per Satellit nicht in die Tat umgesetzt worden.

Die Farbe des Meeres

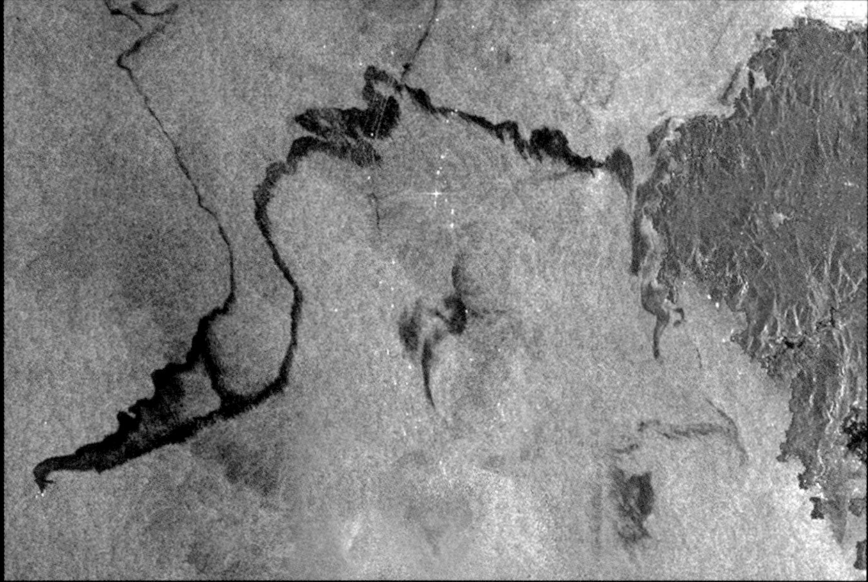

Das linke Bild zeigt die Ostsee mit Finnland im Norden und Estland im Süden, oben links Helsinki. Bei dieser Abbildung wurden Daten, die der Satellit Envisat zu verschiedenen Zeitpunkten erhoben hat, zu einem einzigen Bild zusammengefügt. So können Fachleute die Eisbedeckung des Meeres zu unterschiedlichen Jahreszeiten anhand der jeweiligen Falschfarben erkennen. Vor allem in den Anrainerstaaten der Ostsee werden Satellitendaten genutzt, um die Sicherheit im Schiffsverkehr zu erhöhen.

Auch Umweltsündern, die im Meer unerlaubt Öl ablassen, kann man so auf die Schliche kommen. Denn Instrumente, die aktiv Radarstrahlen aussenden und die Wasseroberfläche abtasten, können Öl an seinem Rückstreusignal, das im Vergleich zu dem des Wassers sehr glatt ist, zweifelsfrei identifizieren. Das gilt erst recht, wenn Öl infolge eines Unfalls in großen Mengen austritt, wie dies im November 2002 bei der Havarie des Tankers »Prestige« westlich der spanischen Küste der Fall war. Das Bild rechts oben zeigt die Ölspur, die das Schiffswrack hinterlassen hat.

Nächste Doppelseite links: Der Süden Englands und der Norden Frankreichs mit dem Ärmelkanal, einer der meistbefahrenen Wasserstraßen der Welt. Ausnahmsweise ist hier Norden links und nicht wie sonst üblich oben im Bild.

Nächste Doppelseite rechts: Die Region um Archangelsk (Russland)

Schnee und Gletscher werden vermessen

Das nördliche Italien mit den Alpen und den ebenfalls schneebedeckten Gipfeln der Apenninen *(links)*. Satellitenbilder werden genutzt, um die Folgen des Klimawandels zu studieren. So untersucht man anhand von Satellitendaten, die über Zeiträume von mehreren Jahren gesammelt und dann verglichen werden, zum Beispiel die Schneebedeckung in den Alpen und den Rückgang der Gletscher.

Auch erosionsgefährdete Hänge sowie Gebiete, die von Lawinen bedroht sind, lassen sich identifizieren. Hierzu werden Radardaten verwendet, die Informationen über die Topografie, insbesondere über Hangneigungen, liefern.

Rechts: Die Region um Salzburg (links oben)

Nächste Doppelseite links: Gletscher auf Island (Bild: Landsat 7)

Nächste Doppelseite rechts: Die Alpen mit dem Genfer See

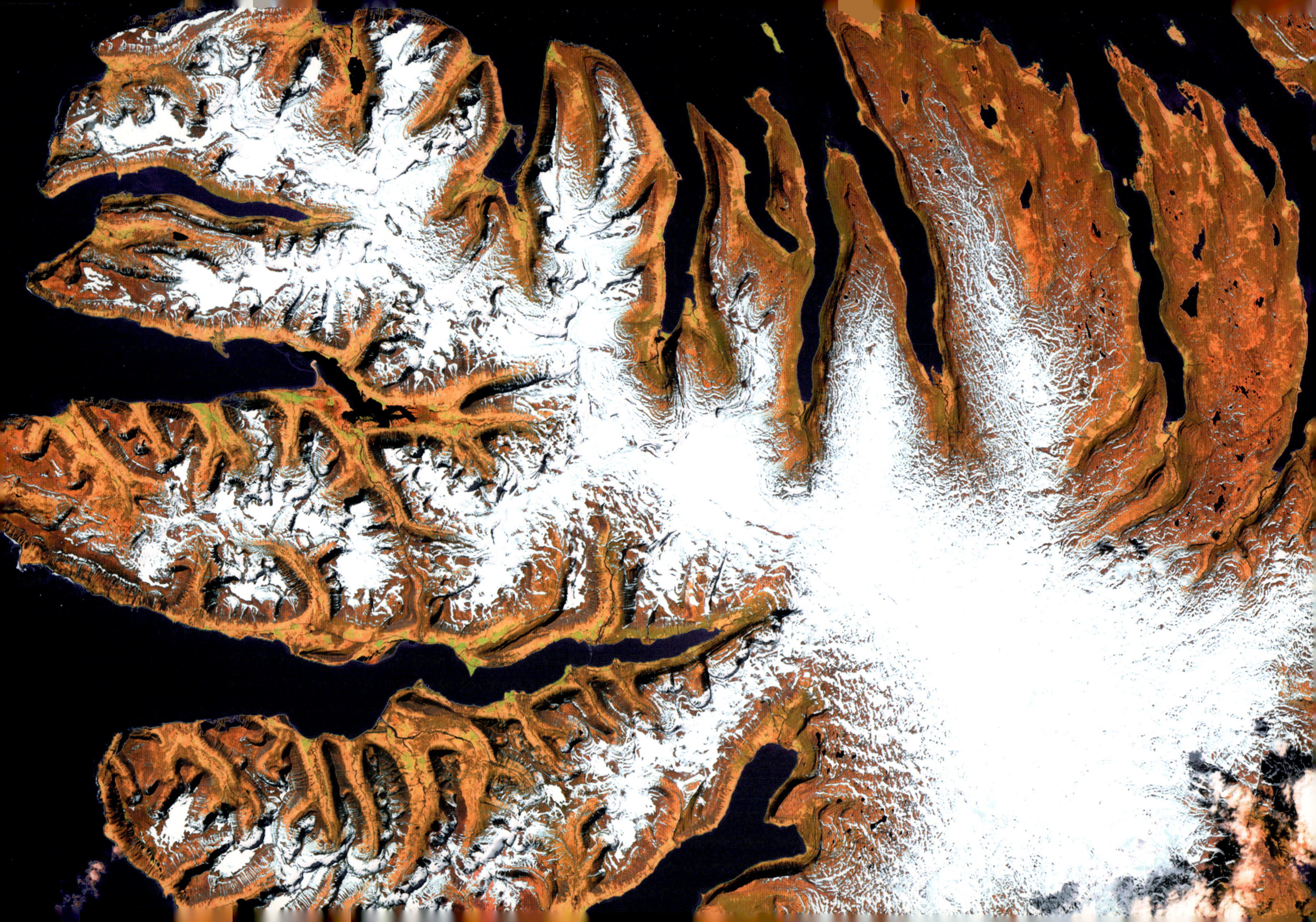

Wird der Golfstrom versiegen?

Die Weltmeere sind ein bedeutender Faktor im Klimageschehen. Darüber hinaus dienen sie einerseits als Reservoir für Nahrung und werden andererseits oft auch für die Entsorgung von Abfällen benutzt. Die Auswirkungen menschlichen Handelns sind – der scheinbaren Unendlichkeit der Wassermassen zum Trotz – durchaus spürbar. Zudem könnte der Klimawandel zu folgenschweren Veränderungen der Meeresströmungen führen. Es ist sogar nicht völlig auszuschließen, dass der Golfstrom, der in Westeuropa für gemäßigte Temperaturen sorgt, allmählich versiegt, was wiederum das Klima nachhaltig beeinflussen würde.

Satelliten untersuchen die Meere mit verschiedensten Methoden: Aus der Umlaufbahn werden zum Beispiel Wellenhöhen berechnet und Meeresströmungen vermessen, und sogar die Meerestemperatur kann auf Bruchteile eines Grades genau erfasst werden.

Links: Die Karibik mit Florida und den Bahamas

Nächste Doppelseite: Envisat-Aufnahme von Kuba

Schmilzt das Eis?

Die globale Erwärmung infolge des Treibhauseffekts gehört zu den bedrohlichsten Umweltproblemen unserer Zeit. Will man diese Entwicklung verlangsamen oder gar eines Tages stoppen, ist ein besseres Verständnis des komplexen »Systems Erde« eine entscheidende Voraussetzung. Erst auf der Grundlage exakter Daten können aussagekräftige Klimamodelle erstellt und wirksame Gegenmaßnahmen eingeleitet werden. Die Raumfahrt bietet hier einzigartige Möglichkeiten. Satelliten sammeln im Überflug Informationen auch aus schwer zugänglichen Regionen. Die beiden Bilder zeigen die Antarktis. Rechts ist eine Aufnahme aus dem Frühjahr 2002 wiedergegeben, auf der man erkennt, wie sich bis zu 100 Kilometer lange Eisberge und -platten von den polaren Eismassen lösen und auf das Meer treiben.

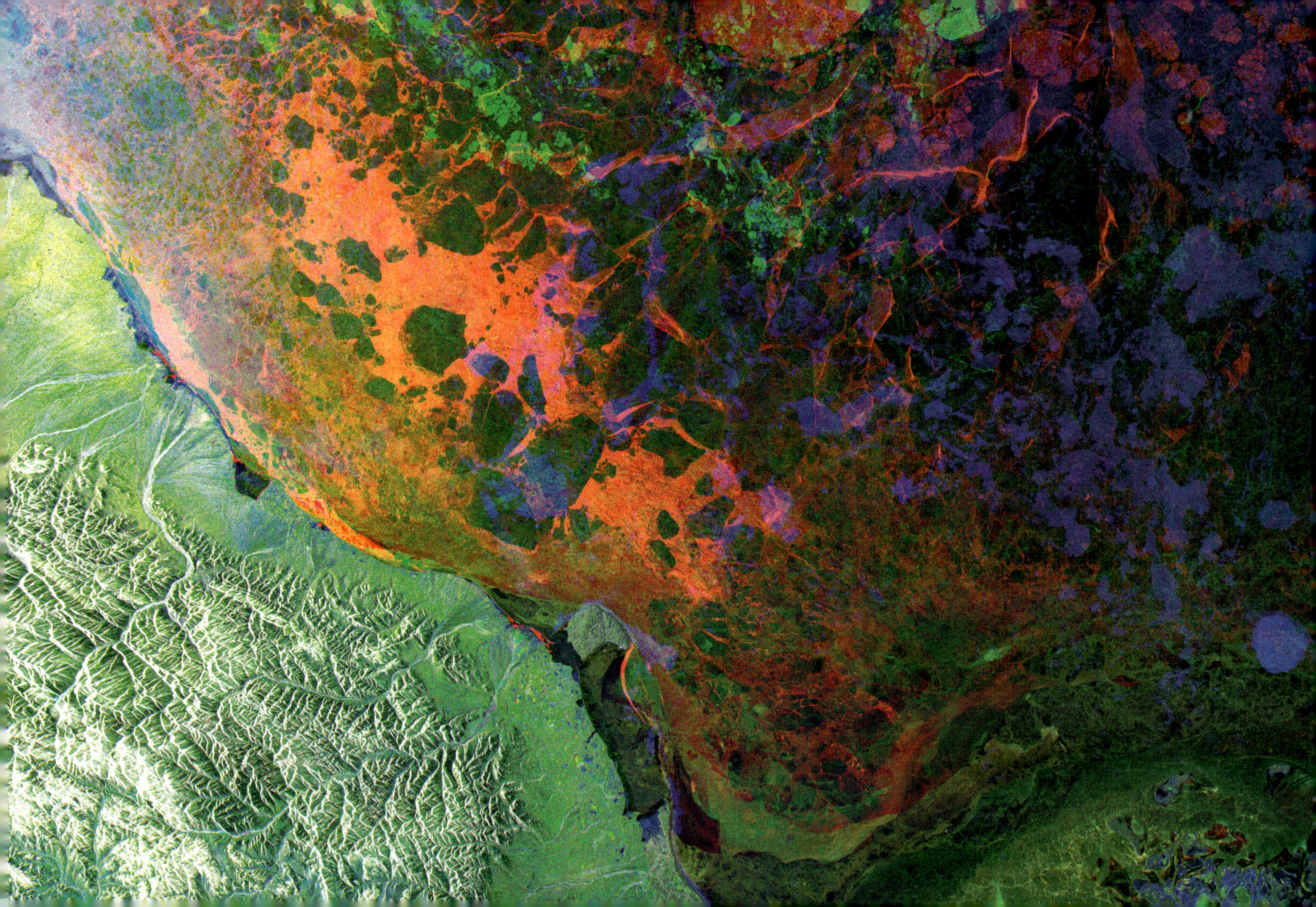

Die Pole bei Nacht

Die Pole der Erde bei Nacht *(nächste Doppelseite)* – jeweils also im arktischen beziehungsweise antarktischen Winter aufgenommen. Die vom Deutschen Fernerkundungsdatenzentrum prozessierten Bilder basieren auf Daten des amerikanischen Satelliten NOAA 9. Es handelt sich dabei um Mosaike aus Datensätzen, die bei vielen Überflügen gesammelt und später in der Bildverarbeitung zusammengefügt wurden. Die kleinen schwarzen Keile bezeichnen Gebiete, die vom Satelliten nicht erfasst werden konnten.

Links: Die Beaufortsee nördlich von Alaska. Die Eisbedeckung wurde über mehrere Monate hinweg per Satellit vermessen und dann je nach Jahreszeit in unterschiedlichen Farben dargestellt.

DIE WUNDERSAME WELT DER SCHWERELOSIGKEIT

Die wundersame Welt der Schwerelosigkeit

Die Internationale Raumstation ISS *(rechts)* gilt als das größte Technologieprojekt, das je in globaler Zusammenarbeit realisiert wurde. Fünf Partner aus aller Welt – die USA, Russland, Mitgliedsstaaten der Europäischen Weltraumorganisation ESA, Kanada und Japan – errichten gemeinsam diese einzigartige Plattform für die Forschung in Schwerelosigkeit 400 Kilometer über der Erde. Versuche, die auf dem Boden überhaupt nicht durchgeführt werden könnten, bringen hier wichtige Erkenntnisse – sei es in der Medizin oder in den Materialwissenschaften, in der Grundlagenforschung oder für die industrielle Anwendung.

Doch die Raumstation ist nicht nur für die Wissenschaft, sondern auch in anderer Hinsicht ein wegweisendes Vorhaben: Sie ist das Symbol friedlicher Kooperation, unabhängig von politischen Systemen, und sie ist ein Stück Realität gewordener Science-Fiction: ein »Außenposten« der Menschheit im All.

Auf den folgenden Seiten begleiten wir Astronauten auf ihrem Flug zur ISS. Wie bereiten sie sich auf ihre Missionen vor? Wie erleben sie den Start, wie die Schwerelosigkeit? Und wie gelangen sie schließlich zur Erde zurück?

Links: Der spanische Astronaut Pedro Duque schwebt durch die Module der Internationalen Raumstation ISS.

РОССИЯ
FRANCE

Am Anfang steht das Studium

Am Anfang eines jeden Fluges ins All steht eine intensive Ausbildung. Diese beginnt denkbar unspektakulär mit dem Studium von Instruktionen und der Lektüre von Handbüchern. In Simulatoren, die den Raumfahrzeugen und den Modulen der Internationalen Raumstation originalgetreu nachgebildet sind, wird schließlich jeder Handgriff trainiert.

Links: Gemeinsam mit ihren russischen Kollegen bereitet sich die Französin Claudie Haigneré (rechts) im Trainingszentrum Juri Gagarin, dem sogenannten Sternenstädtchen, bei Moskau auf ihre zweite Mission ins All vor. Nachdem sie bereits 1996 an Bord der russischen Raumstation MIR zahlreiche Experimente durchgeführt hatte, flog sie im Oktober 2001 zur Internationalen Raumstation ISS.

CUP101-82

Gewöhnungseffekte unter Wasser

In großen Tauchbecken werden Außenbordeinsätze eingeübt, bei denen der Astronaut die Raumstation verlässt und im Weltraum arbeitet. Unter Wasser sorgt der Auftrieb für eine Art Quasi-Schwerelosigkeit. Dabei erfährt der Astronaut, dass jede Bewegung um ein Vielfaches mühsamer ist und länger dauert, wenn man ohne festen Boden unter den Füßen und in den Raumanzug eingezwängt arbeiten muss.

Links: Astronautentraining unter Wasser

Rechts oben: ESA-Astronaut Reinhold Ewald aus Deutschland vor dem Tauchgang

Rechts unten: Parabelflüge, bei denen das Flugzeug zunächst steil nach oben steigt und dann – wie einer Wurfbahn folgend – nach unten stürzt, erzeugen Sequenzen von circa 20 Sekunden Schwerelosigkeit. Danach fängt der Pilot die speziell für derartige Manöver ausgerüstete Maschine ab, bringt sie wieder auf Kurs nach oben und beginnt mit der nächsten Parabel. Das Bild zeigt unter anderen den Italiener Roberto Vittori (in der Bildmitte oben).

Überlebenstraining für den Ernstfall

Ein Großteil des Trainings dient der Vorbereitung auf den Notfall. Auch in kritischen Momenten sollen Astronauten einen kühlen Kopf bewahren. Der deutsche Astronaut Reinhold Ewald etwa meisterte – zusammen mit russischen und amerikanischen Kollegen – 1997 einen ernsten Zwischenfall an Bord der damaligen Raumstation MIR. Als dort ein Feuer ausbrach, kämpfte die Crew eine Nacht lang gegen Flammen und Rauch an, dann hatte sie – auch dank der guten Ausbildung – das Problem im Griff.

Links: Der Belgier Frank De Winne übt das Verhalten nach einer außerplanmäßigen Landung der russischen Sojus-Kapsel auf dem Meer. Normalerweise geht die Kapsel von Fallschirmen gebremst auf Land nieder.

Rechts oben: Roberto Vittori beim Überlebenstraining. Sollte sich nach der Rückkehr auf die Erde die Bergung verzögern, müssen die Astronauten unter Umständen mit extremer Kälte fertig werden.

Unten: Umberto Guidoni aus Italien lernt, wie der Space Shuttle evakuiert wird, falls nach der Landung Probleme auftreten. Er war im April 2001 der erste Europäer an Bord der ISS.

A. KUIPERS
А. КАУПЕРС

Wenn der Countdown läuft

Während ihrer Ausbildung werden die Astronauten nicht nur in die Bedienung der Instrumente eingeführt und auf Notfälle vorbereitet. Auch die Experimente, die sie im Weltraum durchführen sollen, spielen eine wichtige Rolle in der Schulung. Der Astronaut besucht die Forschungsinstitute, in denen die Versuche entwickelt worden sind, lernt die wissenschaftlichen Fragestellungen kennen und übt die Ausführung anhand von Bodenmodellen ein. Wenn alle Trainingseinheiten beendet sind, wird die Crew zum Startplatz gebracht – im Fall der russischen Sojus-Rakete nach Baikonur in Kasachstan, auf amerikanischer Seite ins Kennedy Space Center in Florida. Mehrere Tage vor dem Start müssen sich die Astronauten in Quarantäne begeben. Auf diese Weise wird das Risiko einer Erkrankung in letzter Minute minimiert. Denn in Schwerelosigkeit lässt die Leistungsfähigkeit des Immunsystems deutlich nach, so dass schon eine Grippe zu einem ernsten Problem werden kann. Am Starttag selbst werden die Astronauten von engsten Mitarbeitern verabschiedet und mit speziellen Bussen zur Startrampe gefahren. Einige Stunden vor dem Abheben nehmen sie in ihren Sitzen Platz und überprüfen – wie vorher viele Male geübt – die Bordsysteme, bis der Countdown mit dem Kommando für das Zünden der Triebwerke endet.

Links: André Kuipers aus den Niederlanden kurz vor dem Start

Ein internationales Netzwerk

Nicht nur die Astronauten sind vor dem Start intensiv mit den Vorbereitungen beschäftigt. Ingenieure und Techniker fahren die Systeme hoch, die Experten in den Kontrollzentren nehmen ihre Plätze ein, Wissenschaftler bereiten sich auf die Auswertung der Daten vor. So sind die Astronauten, wenn eine Mission zur Internationalen Raumstation ISS gestartet wird, nur ein kleiner Teil eines großen Teams und weltweiten Netzwerks.

Nächste Doppelseite: Eine Sojus-Rakete wird zur Startrampe gebracht.

In acht Minuten ins All

Mit ohrenbetäubendem Donner heben der Space Shuttle und die Sojus-Rakete von der Startrampe ab. Die Astronauten werden durch die enormen Antriebskräfte mit dem Mehrfachen ihres Körpergewichts in die Sitze gepresst. Nach rund acht Minuten jedoch, wenn die Umlaufbahn erreicht ist und die Triebwerke erloschen sind, setzt ganz plötzlich die Schwerelosigkeit ein. Gerade eben noch der starken Beschleunigung ausgesetzt, die den Puls rasen lässt, erschüttert vom Zittern und Vibrieren der mächtigen Motoren, tauchen die Astronauten nun in eine andere Welt ein. Alles, was nicht angeschnallt oder auf andere Art fixiert worden ist, schwebt im Raumschiff umher. Der Lärm der Triebwerke ist der Stille des Weltraums gewichen, und aus mehreren hundert Kilometer Höhe bietet die Erde einen majestätischen und erhabenen Anblick. Doch viel Zeit bleibt nicht, um das Erlebnis zu genießen. Die Crew muss permanenten Funkkontakt zu den Teams in den Kontrollzentren halten und wird in jeder Flugphase gefordert.

Die beiden Abbildungen zeigen den Start eines Space Shuttles *(links)* und einer Sojus-Rakete *(rechts)*.

Kritisches Manöver hoch über der Erde

Nach zwei Tagen Flug nähert sich die Sojus-Kapsel der Raumstation auf Sichtweite. Beide umkreisen jetzt die Erde mit 28 000 Kilometern pro Stunde. Die Sojus mit drei Astronauten an Bord kann automatisch an die ISS andocken. Sollte der Kommandant jedoch eingreifen müssen, schaltet er auf manuellen Betrieb um und steuert das Raumschiff zur Andock-Vorrichtung. Wenn alle Systeme überprüft sind, werden die Luftschleusen geöffnet, und die neue Besatzung schwebt in die Station. Ähnlich verläuft das Docking im Falle des Space Shuttles, der jedoch mehr Astronauten und Lasten transportieren kann.

Einige Tage nach dem Hand-over, das heißt der Übergabe der Station an die neue Crew, kehrt die alte Besatzung zur Erde zurück. Auf die neue Schicht aber wartet jetzt ein halbes Jahr Dienst in der Umlaufbahn. In der Aufbauphase der Station besteht die Mannschaft an Bord zeitweise aus nur zwei Astronauten – später sollen es bis zu sechs sein. Die übrigen Sitze in Sojus-Kapseln und Raumfähren werden daher an Astronauten vergeben, die im Rahmen von Kurzzeit-Missionen Experimente durchführen. Sie fliegen mit der neuen Crew zur ISS und mit der alten Mannschaft wieder zurück.

Links: Eine Sojus-Kapsel dockt an – fotografiert durch ein Fenster der ISS.

Rechts oben: Eine Raumfähre nähert sich.

Rechts unten: Roberto Vittori »betritt« die ISS.

16 Sonnenaufgänge an einem Tag

An die Schwerelosigkeit muss man sich erst gewöhnen: Viele Tätigkeiten und Handgriffe, die wir auf der Erde fast automatisch verrichten, erfordern ein Umdenken. Beim Schlafen müssen sich die Astronauten anschnallen, um nicht ungewollt durch die Kabine zu schweben. Anstelle von Duschen gibt es nasse Handtücher, denn Wassertropfen würden im gesamten Innenraum umherschweben. Selbst das Geschmacksempfinden verändert sich, wofür allerdings noch keine Erklärung gefunden werden konnte. Die Tatsache, dass es kein »Oben« und »Unten« gibt, kann Orientierungsstörungen hervorrufen. Und bei jeweils einer Erdumrundung in 90 Minuten geht im Laufe eines Datumstages insgesamt 16-mal die Sonne auf und unter, was die innere Uhr des Menschen aus dem Rhythmus bringen kann.

Links: Claudie Haigneré war die erste Frau aus Europa, die die Raumstation besuchte.

Rechts: Wenn es die Zeit erlaubt, werden vor der Kamera einfache Experimente durchgeführt, die Schüler auf spielerische Art für Wissenschaft und Forschung begeistern sollen.

Nächste Doppelseite: Blick auf die Erde

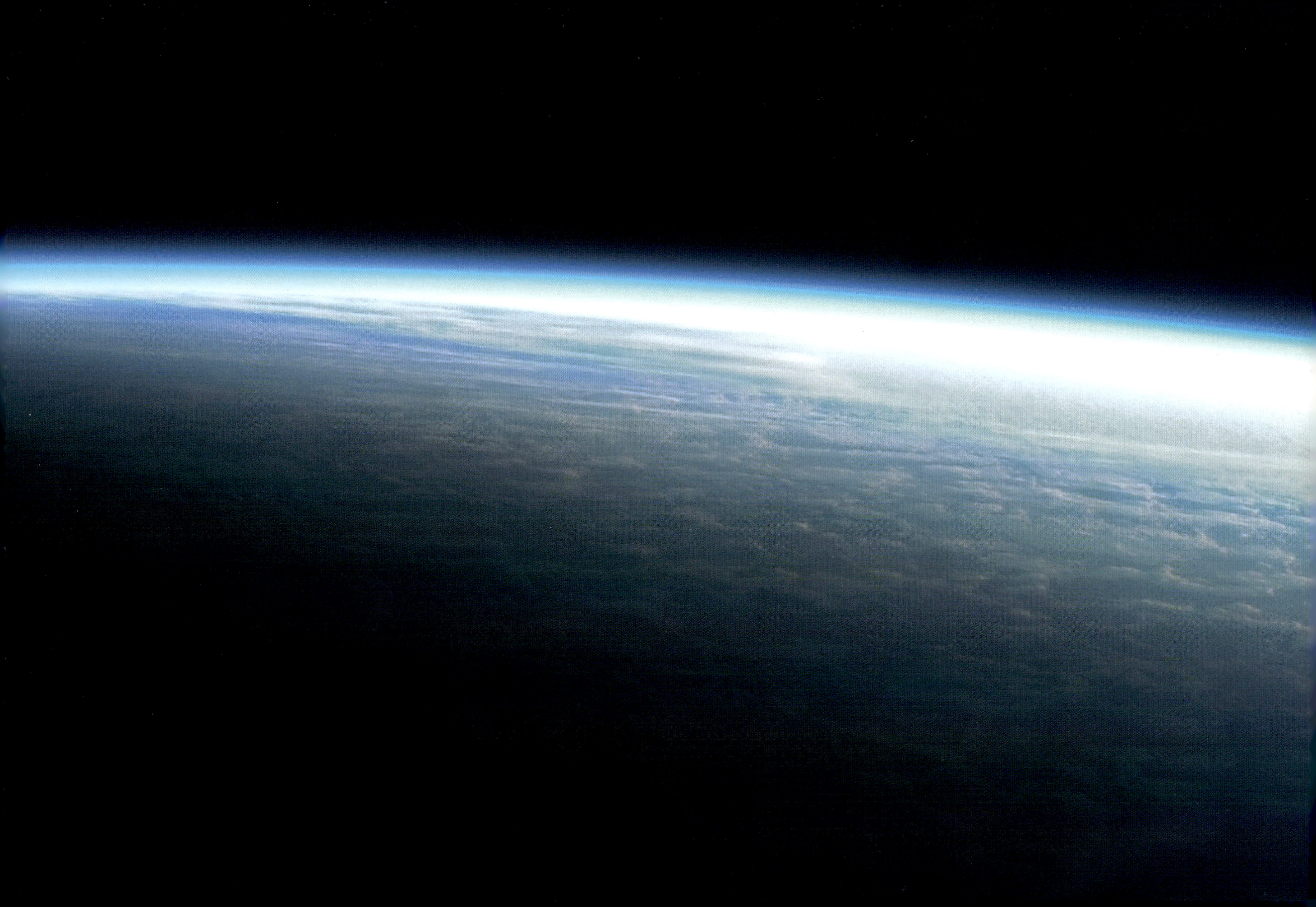

Nachschub für die Crew

Stromversorgung mittels hochleistungsfähiger Solarzellen, mehrfach redundante Bordcomputer, automatische Bahnkorrekturen – Bau und Betrieb einer Raumstation stellen angesichts der extremen Bedingungen im All besondere technische Herausforderungen dar. So sind die Bordsysteme der ISS Meisterwerke der Ingenieurskunst. Ein Beispiel: Da die Besatzung mehr Wasser verbraucht, als man je zur Station transportieren könnte, wird das Kondenswasser aus der Atemluft gefiltert und zu Trinkwasser aufbereitet. Dennoch muss die Crew regelmäßig mit Nachschub an Lebensmitteln und Ersatzteilen oder neuen Versuchsanlagen versorgt werden. Bisher haben russische Progress-Kapseln diese Aufgabe erledigt. Da sie jedoch in ihrer Ladekapazität begrenzt sind, soll künftig das europäische Automatische Transfer-Vehikel (ATV) eingesetzt werden, das Lasten von bis zu neun Tonnen zur ISS bringen kann.

Neben ATV und dem Roboterarm ERA ist das Columbus-Modul Europas wichtigster Beitrag zur ISS. Das fliegende Labor wird an die ISS angedockt und erlaubt Spitzenforschung in Schwerelosigkeit.

Links: Eine Progress-Kapsel

Rechts oben: ATV (künstlerische Darstellung)

Rechts unten: Montage des ATV bei Alenia Spazio in Turin

Nächste Doppelseite: Bei EADS in Bremen wird das Columbus-Labor fertig gestellt (Bild: EADS, Kurt Henseler).

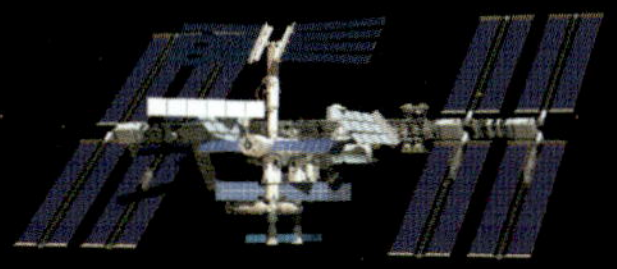

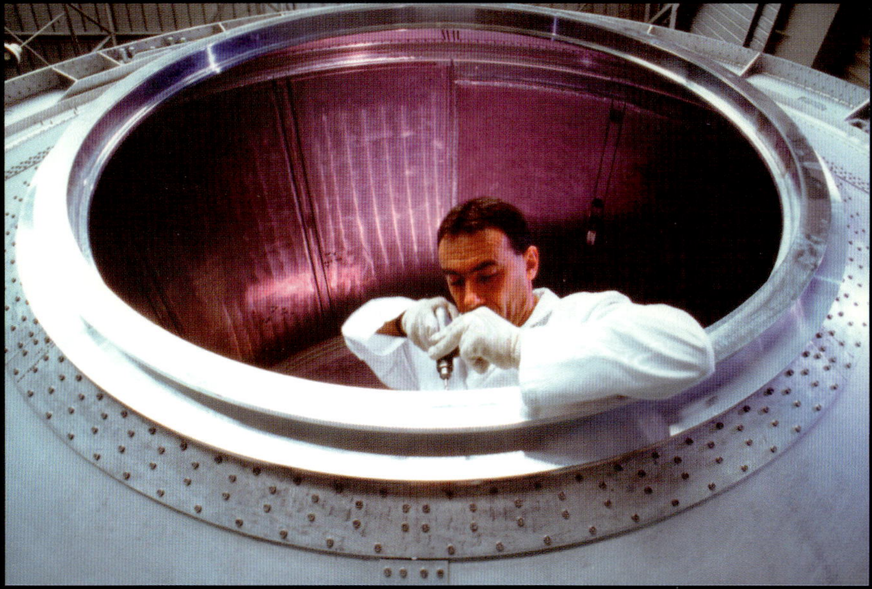

ACCESS ONLY FOR
INTEGRATION AND
TEST PERSONNEL
B
0

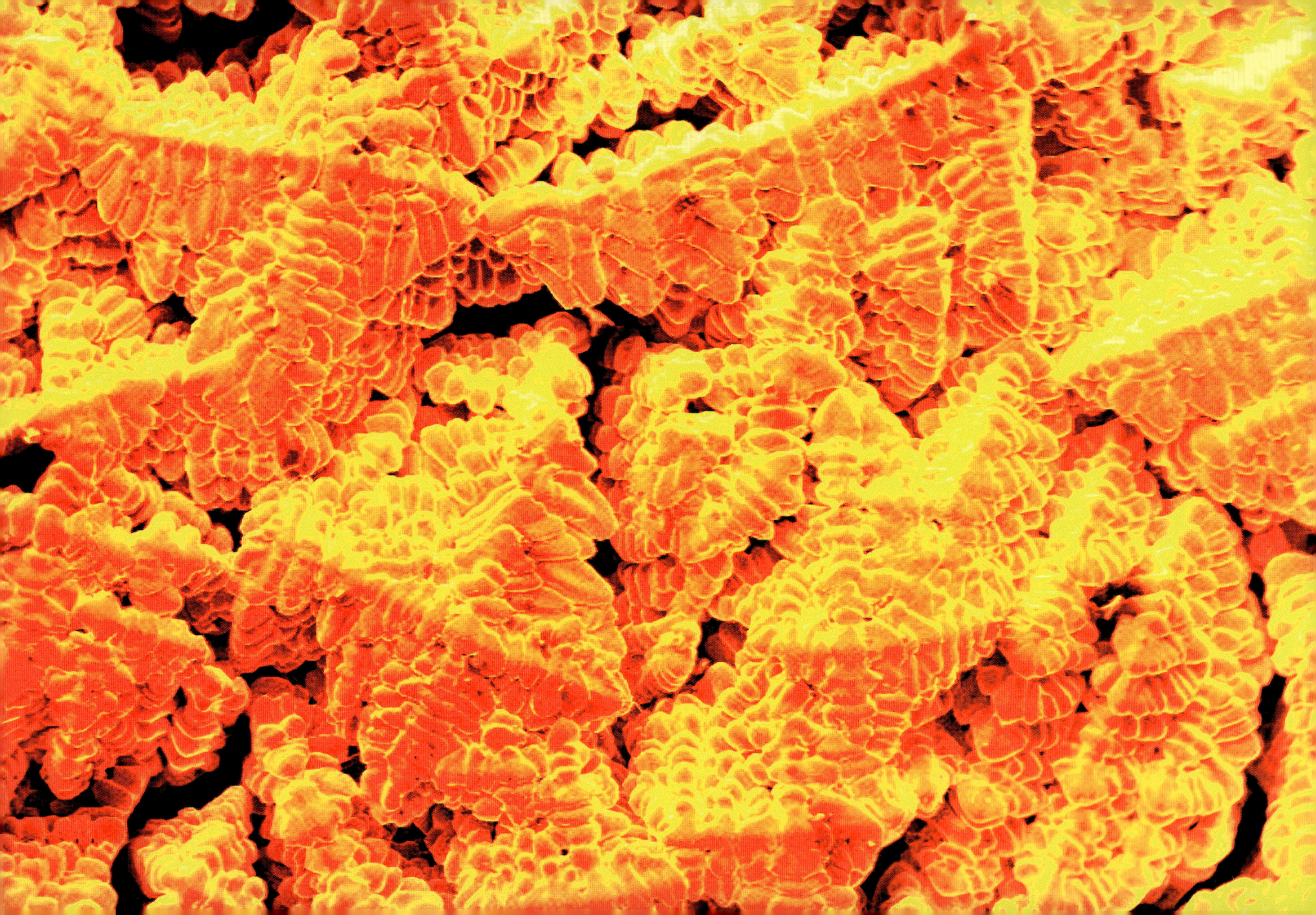

Exzellente Plattform für die Forschung

In Schwerelosigkeit lassen sich viele Effekte studieren, die auf der Erde von der Schwerkraft überlagert werden. Diese Versuche führen immer wieder zu Resultaten, die weit über die Raumfahrt hinaus von Bedeutung sind. Neben Disziplinen wie den Materialwissenschaften oder der Biologie ist dabei die Humanmedizin ein wesentliches Forschungsgebiet. Denn der Organismus entwickelt in Schwerelosigkeit verschiedenste Krankheitssymptome: So bauen etwa die Knochen – wie bei der Osteoporose – Kalzium ab, das Herz-Kreislauf-System wird beeinträchtigt, der Gleichgewichtssinn gestört, und die Immunabwehr lässt rapide nach. Einige Tage nach der Landung klingen die Symptome wieder vollständig ab. Raumflüge ermöglichen es daher den Wissenschaftlern, das Auftreten von Krankheiten und auch die Genesung unter exakt kontrollierten Laborbedingungen zu untersuchen. Die daraus gewonnenen Erkenntnisse finden in vielen Fällen in der medizinischen Praxis Anwendung.

Links: In Schwerelosigkeit lassen sich bestimmte Vorgänge beim Erhitzen und Erstarren von metallischen Schmelzen genauer untersuchen, die auf der Erde von der Gravitation verdeckt werden. Die Ergebnisse dieser Versuche können dazu beitragen, Abläufe in der industriellen Fertigung zu optimieren.

Rechts oben: Materialwissenschaftliche Untersuchung

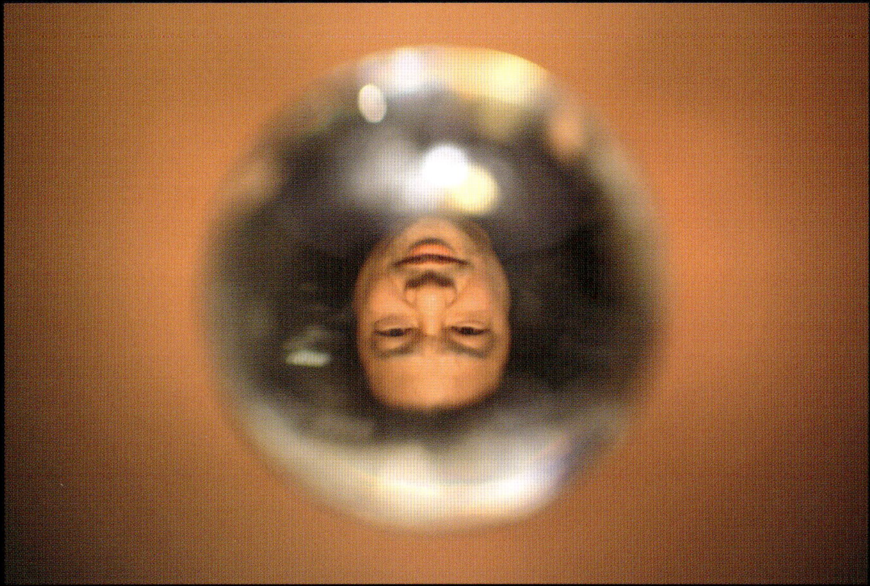

Rechts unten: Ungewöhnliches Porträt eines NASA-Astronauten – fotografiert durch einen schwebenden Wassertropfen

»Spaziergänge« im All

Anders als das Wort suggeriert, gehören »Weltraum-Spaziergänge« zu den größten körperlichen Strapazen für einen Astronauten. Daher werden während der oft mehrstündigen Arbeiten im Weltraum alle wichtigen Lebensfunktionen der Raumfahrer – zum Beispiel Puls und Körpertemperatur – vom Boden aus ärztlich überwacht.

Diese Technik der Direktübertragung medizinischer Werte wird inzwischen als Telemedizin auch auf der Erde eingesetzt. So wachen Ärzte aus der Distanz über den Gesundheitszustand von Kleinkindern, die vom Plötzlichen Kindstod bedroht sind. Im Ernstfall werden die Eltern und der Notarzt sofort alarmiert. Damit ist das Baby zu Hause so sicher wie in der Klinik.

Links: Der französische Astronaut Philippe Perrin bei Außenbordarbeiten. Im Jahr 2002 flog er im Auftrag der französischen Raumfahrtagentur CNES zur ISS.

Rechts oben: NASA-Astronaut Rex Walheim

Rechts unten: Ein »Risiko-Baby« trägt einen Schlafanzug, in den – wie in die Unterwäsche von Astronauten – Sensoren zur Ferndiagnose eingebaut wurden.

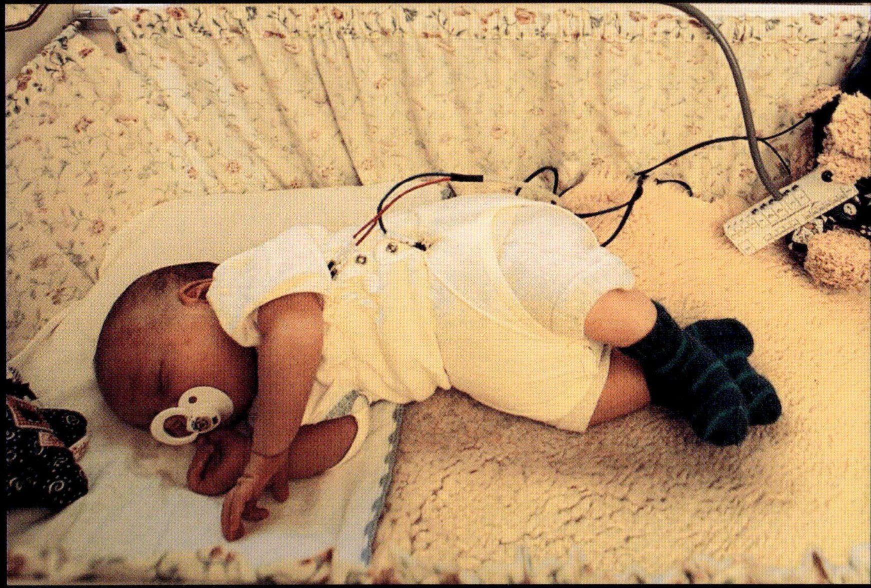

Impressionen aus dem Orbit

Das Bild links zeigt eine Raumfähre vor der im gleißenden Sonnenlicht liegenden Erde.

Nächste Doppelseite links: Die Internationale Raumstation ISS

Nächste Doppelseite rechts: Ein NASA-Astronaut bei Außenbordarbeiten, hinter sich die Erde und die Sonne

Rückkehr zur Erde

Neben dem Start gehören der Wiedereintritt in die Atmosphäre und die Landung zu den kritischsten Phasen einer Mission. Um zur Erde zurückzukehren, verringern Raumfähren oder Sojus-Kapseln nach dem Abdocken von der ISS ihre Geschwindigkeit, wodurch sie automatisch auf niedrigere Umlaufbahnen geraten und sich so der Erde nähern. Dabei werden sie von den tieferen und dichteren Schichten der Atmosphäre immer stärker abgebremst. Während der Shuttle eine Reihe komplizierter Flugmanöver ausführt, sinkt die russische Kapsel auf einer vorausberechneten Bahn dem Boden entgegen. Ihr Flug wird schließlich durch Fallschirme und die Zündung eines Bremstriebwerks ein letztes Mal verlangsamt. Der Space Shuttle dagegen landet horizontal wie ein Flugzeug.

Links: Am Fallschirm gleitet die Sojus-Kapsel der Erde entgegen, bevor sie von Bremstriebwerken verlangsamt aufsetzt.

Rechts: Begrüßung der Heimkehrer in der kasachischen Steppe, in der die russischen Kapseln üblicherweise landen

Nächste Doppelseite: Landung einer Raumfähre

ANSICHTEN UND EINSICHTEN: WIE ASTRONAUTEN DIE ERDE SEHEN

SPD BK/
THROT
BODY
FLAP
ASA 100
CRYO

Ansichten und Einsichten: Wie Astronauten die Erde sehen

Flüge ins All dienen in erster Linie der Wissenschaft. Doch die Astronauten bringen außer den Forschungsresultaten auch Einsichten ganz anderer Art zur Erde zurück. Immer wieder berichten sie von der Einzigartigkeit unseres Planeten, von seiner unvergleichlichen Schönheit und seiner erkennbaren Verletzlichkeit. Wenn sie im Anschluss an ihre Mission auf zahlreichen Veranstaltungen und in Vorträgen von ihren Erlebnissen erzählen, lautet ihre zentrale Botschaft oft: Wir müssen sorgsam mit der Erde und ihren natürlichen Ressourcen umgehen – zum Wohle unserer Kinder und der nachfolgenden Generationen.

Auf den folgenden Seiten sind einige der schönsten Aufnahmen des Blauen Planeten aus der Umlaufbahn abgedruckt. So sehen Raumfahrer unsere Erde.

Links: ESA-Astronaut Gerhard Thiele aus Deutschland blickt gebannt aus dem Fenster der Raumfähre. Wenn der Bordstundenplan es zulässt, hält er seine Eindrücke in Film und Foto fest.
Rechts: Die Erde, aufgenommen aus der Umlaufbahn

Unser Planet aus 400 Kilometer Höhe

Das Bild links zeigt einen Wirbelsturm von oben.

Rechts oben: Der legendäre K2, der zweithöchste Berg der Erde. Von der 400 Kilometer hohen Umlaufbahn aus mutet selbst dieser Riese unter den Bergen wie ein Zwerg an.

Rechts unten: Das Zagros-Gebirge im Iran an der Küste zum Persischen Golf

Nächste Doppelseite links: Abendstimmung über dem Indischen Ozean

Nächste Doppelseite rechts: Blick aus einem Fenster der Internationalen Raumstation

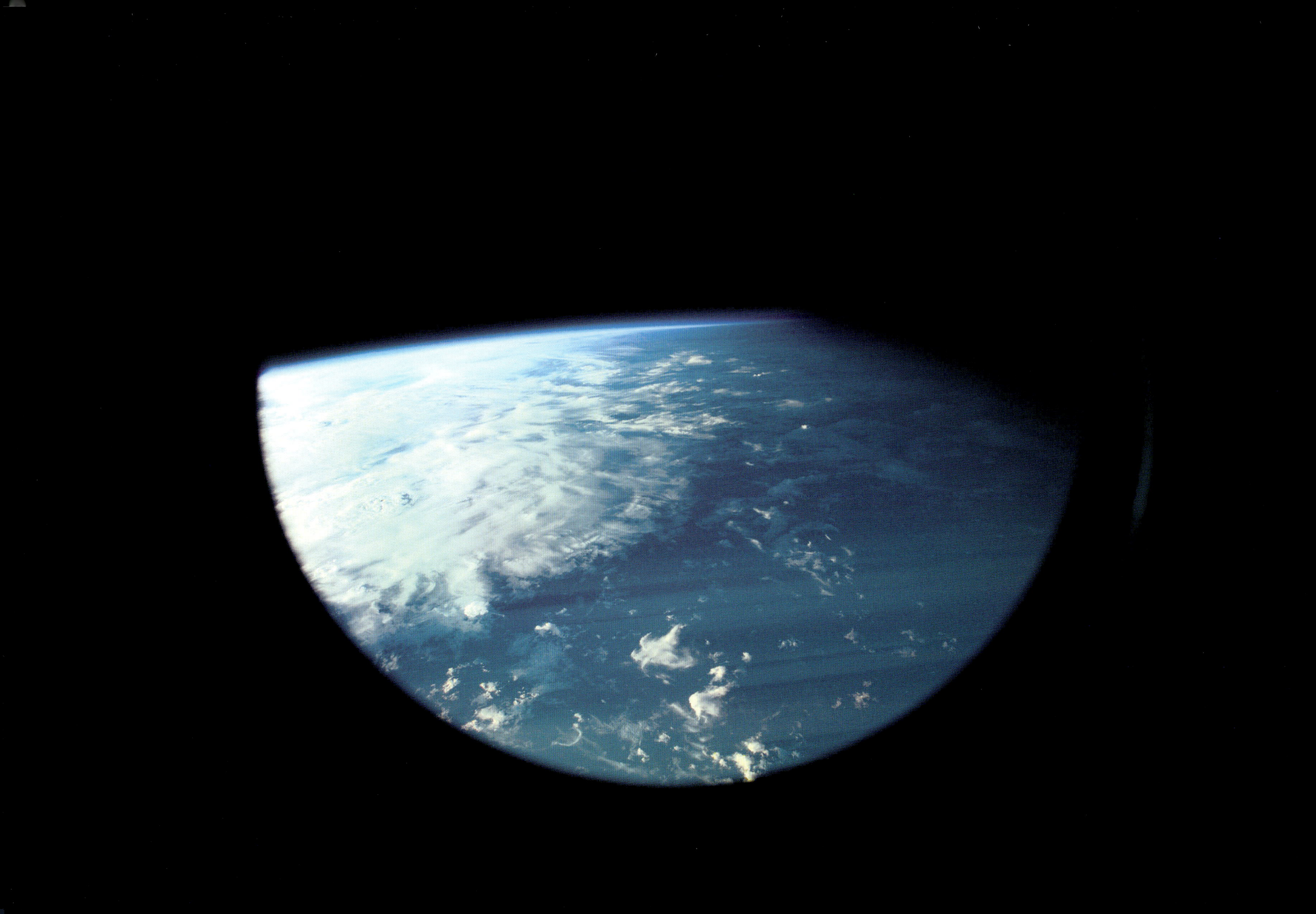

Das größte Delta der Welt

Die beiden Ströme Ganges und Brahmaputra bilden an ihrem Zusammenfluss das größte Mündungsdelta der Welt *(links)*. Während der Ganges südlich des Himalaja aus der Vereinigung anderer Flüsse hervorgeht, umfließt der Brahmaputra von Norden her einen Großteil des mächtigsten Gebirges der Erde in einer riesigen Schleife.

Nächste Doppelseite links: Der Mount Everest

Nächste Doppelseite rechts: Ein Blick aus der Umlaufbahn zum Horizont. Die rosa gefärbte Schicht stammt von Schwefel-Emissionen infolge eines Vulkanausbruchs auf den Philippinen.

In Minuten über Kontinente hinweg

Mit 28 000 Stundenkilometern fliegen Astronauten in wenigen Minuten über Kontinente und Ozeane hinweg.

Links: Die Halbinsel Kamtschatka im äußersten Osten Russlands ist eine der vulkanisch aktivsten Regionen der Erde.

Rechts: Die chinesische Stadt Shenyang im Winter

Nächste Doppelseite: Die Atolle Scott Reef und Seringapatam Reef nordwestlich von Australien

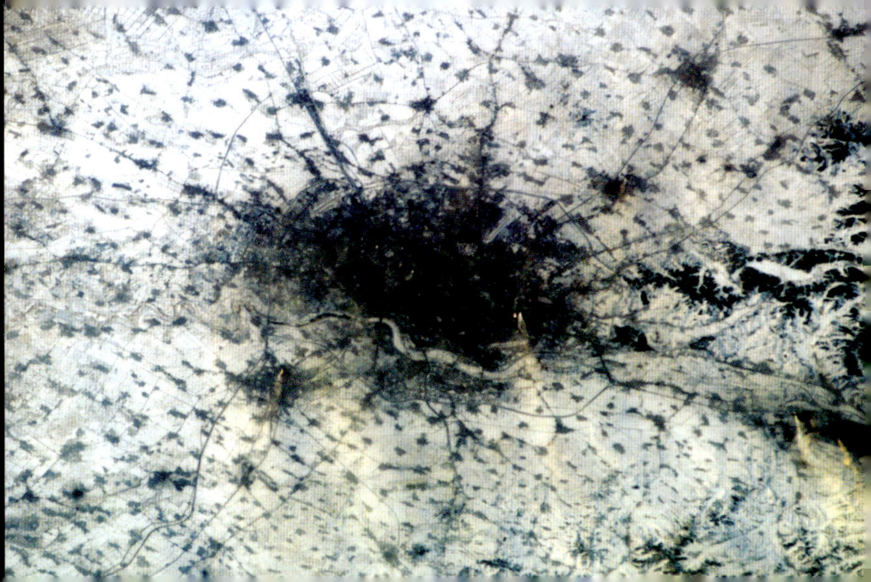

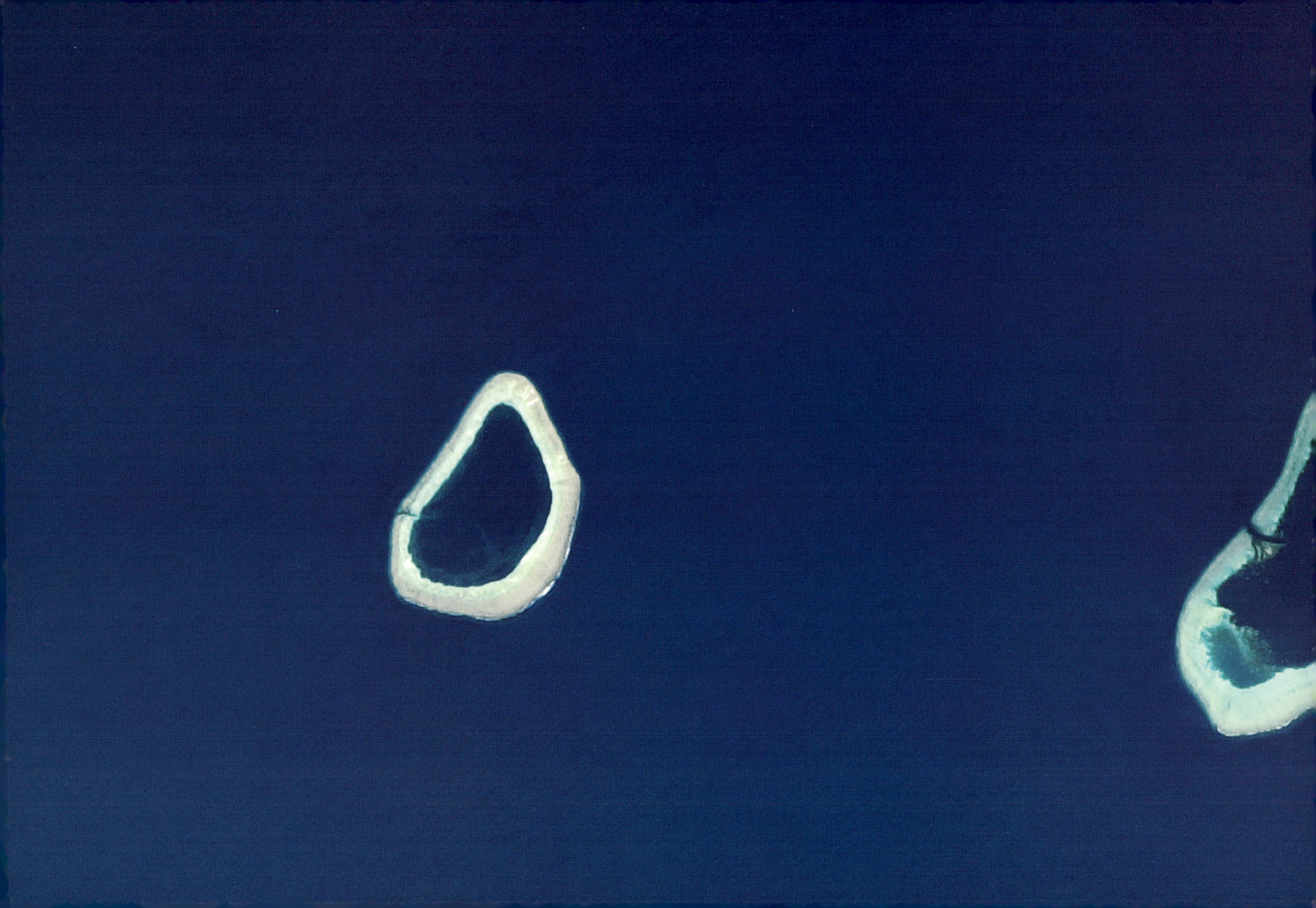

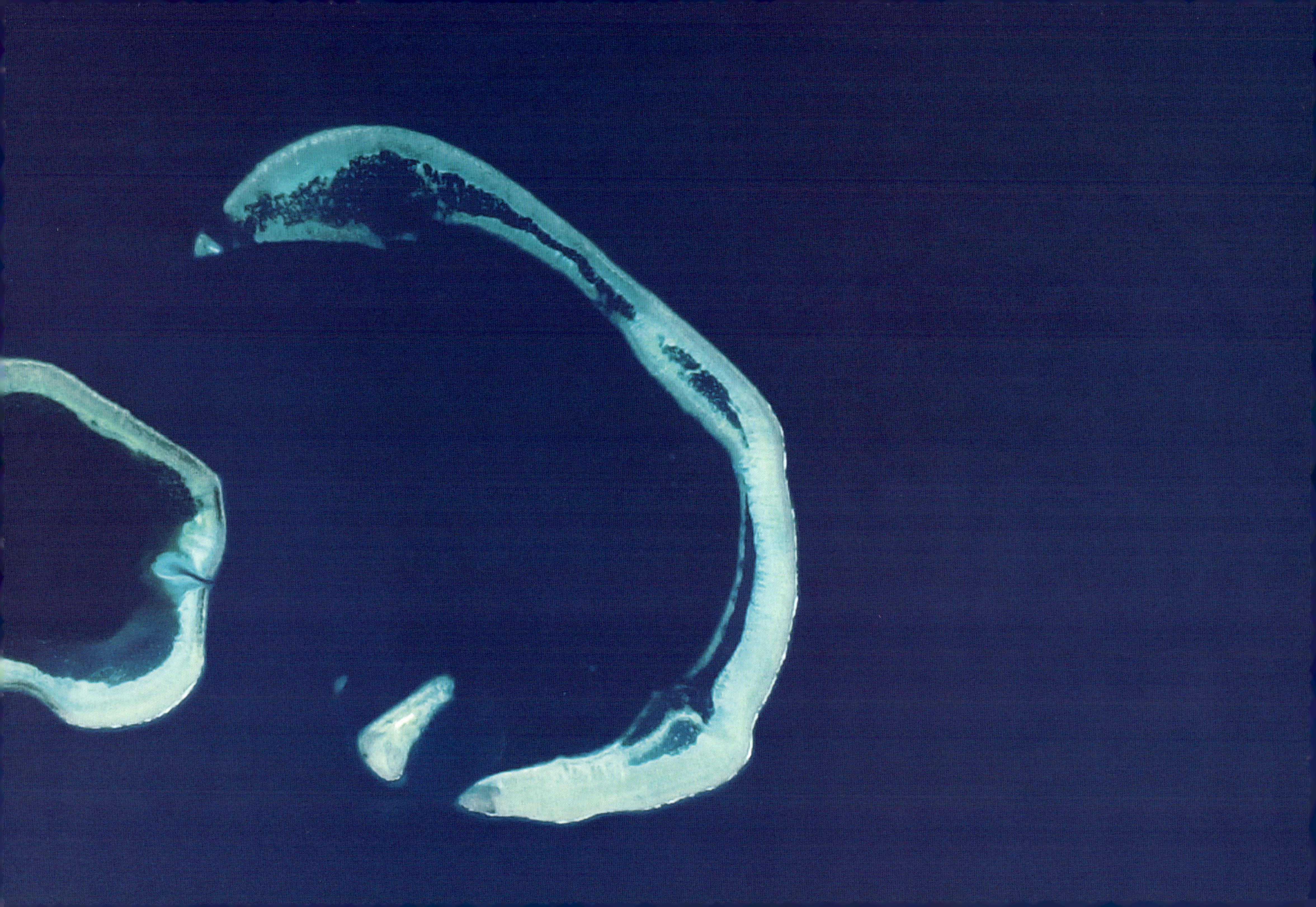

Die Welt im Großformat

Die Erde mit Australien – gesehen aus den hinteren Cockpit-Fenstern des Space Shuttles Endeavour *(links)*. Im Vordergrund des Bildes erkennt man die leere Ladebucht der Raumfähre. Darin war zuvor ein amerikanisches Bauteil der Internationalen Raumstation transportiert worden, das man mit dem russischen Modul Zarja verband. Das Foto wurde mit einer großformatigen IMAX-Kamera aufgenommen.

Rechts: Die Mündung des De Grey River im Westen Australiens. Man benötigt nicht viel Fantasie, um in den Konturen der Landschaft Ähnlichkeiten mit einem Fisch oder Fabelwesen zu erkennen. Doch Astronauten haben selten Muße für solche Gedankenspiele.

Sehen und gesehen werden

Aufnahmen aus großer Höhe lassen selbst Details erkennen, wie diese beiden Bilder zeigen. Auf dem Foto von New York *(links)* kann man sogar einzelne Straßenzüge ausmachen. Manhattan liegt in der Bildmitte, eingerahmt von Hudson und East River. Die Aufnahme rechts zeigt Miami Beach.

Umgekehrt kann man von der Erde aus die Raumstation erkennen, allerdings nur am frühen Morgen oder späten Abend: Lediglich in der Dämmerung hebt sie sich, von der schräg stehenden Sonne beschienen und wie ein heller Stern leuchtend, gegen den dunklen Nachthimmel ab – um wenige Minuten später wieder hinter dem Horizont zu verschwinden.

Landschaften im Überblick

Aus der erhöhten Perspektive der Umlaufbahn kann man die Strukturen einer Landschaft überblicken.

Links: Der Colorado River in den USA

Nächste Doppelseite links: Eine Infrarotaufnahme vom Süden Kaliforniens (oben) an der Grenze zu Mexiko (unten), die die unterschiedliche landwirtschaftliche Nutzung des Bodens in den beiden Gebieten anzeigt

Nächste Doppelseite rechts: Die eisige Bergwelt Alaskas

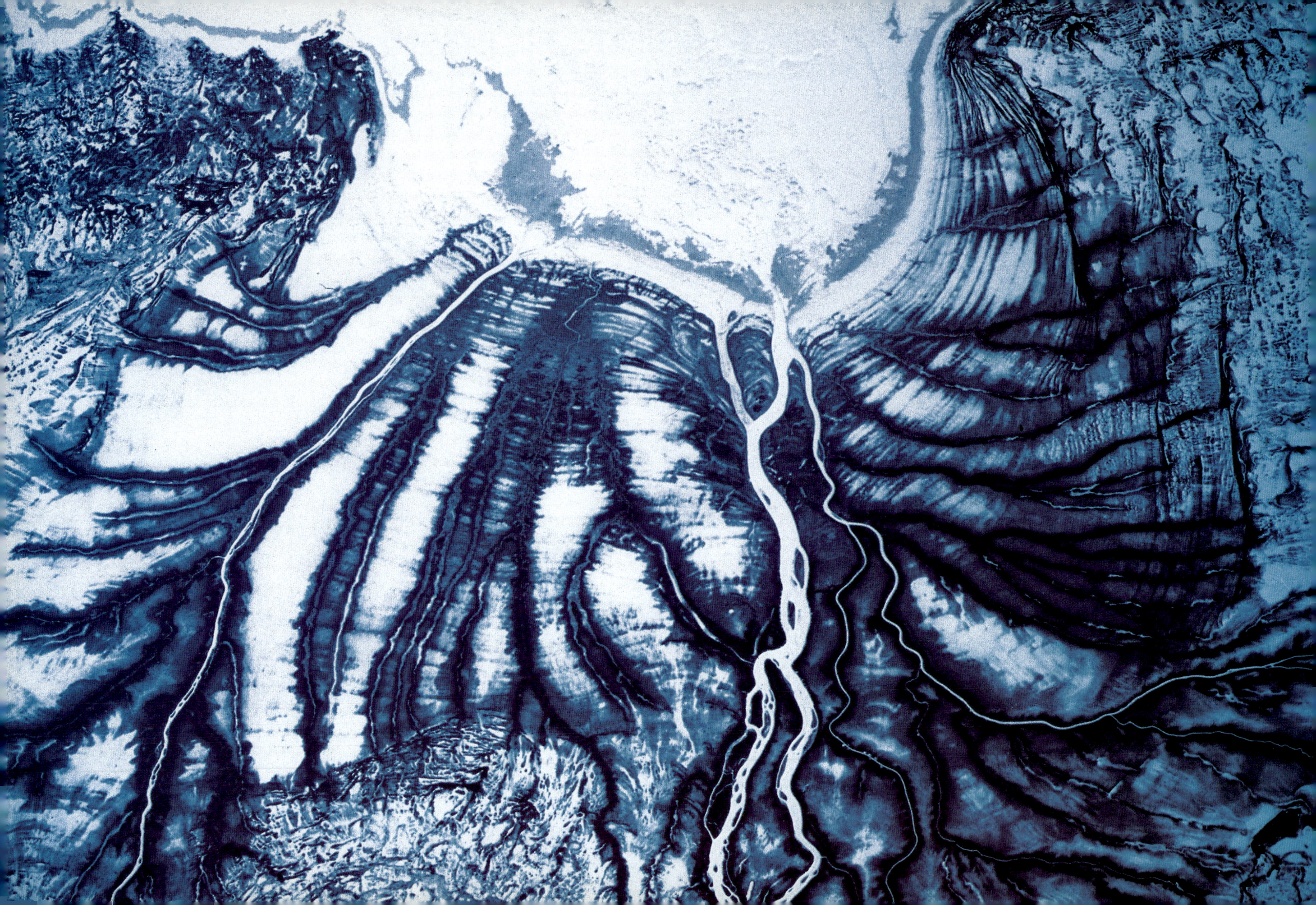

Inseln, Eis und Meteoritenkrater

Diese Doppelseite zeigt drei Aufnahmen von Kanada.

Links: Die vereiste St. James Bay

Rechts oben: Nova Scotia, Prince Edward Island und Cape Breton Island

Rechts unten: Der Manicouagan-Krater. Diese eigenartige Formation in der Provinz Quebec im Osten Kanadas ist auf einen Meteoriteneinschlag vor rund 200 Millionen Jahren zurückzuführen.

Die Erde – der Wasserplanet

Der Atlantik im Sonnenlicht *(links)*. Den größten Teil der überflogenen Gebiete machen naturgemäß nicht Landmassen aus, sondern die riesigen Ozeane der Erde.

Auf dem rechten Bild erkennt man den Roboterarm des Shuttles, der vom Cockpit aus bedient werden kann.

123

Kreise in der Wüste

Das Bild rechts unten zeigt seltsam anmutende kreisrunde Strukturen in Saudi-Arabien. Es handelt sich um Felder, die künstlich bewässert werden, wobei das Grundwasser aus mehreren hundert Meter Tiefe gefördert wird. Da die Bewässerung konzentrisch um die Bohrung herum erfolgt, entsteht die Kreisform.

Links: Wolken über der Sahara

Rechts oben: Blick auf Algerien

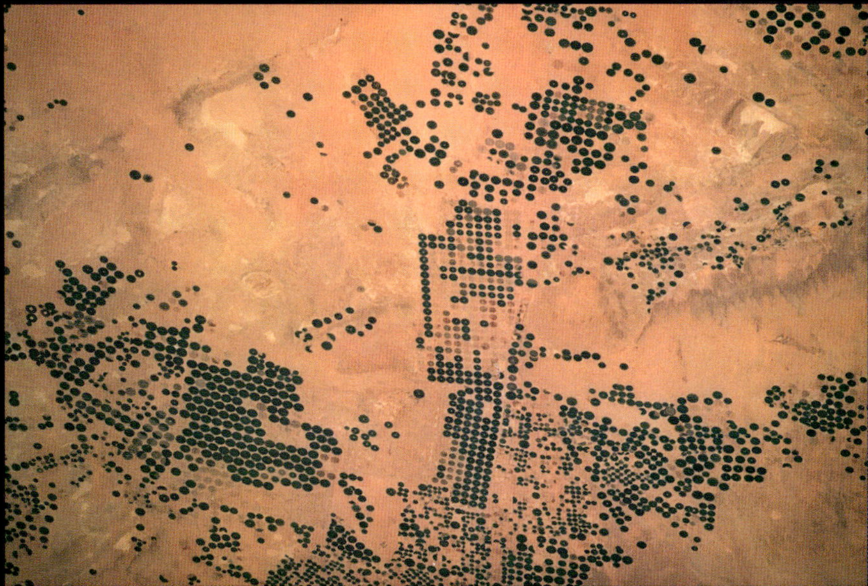

Spuren im Sand

Der Aorounga-Krater im Tschad *(rechts oben)* ist ein markantes Beispiel für die Spuren, die ein Meteoriteneinschlag hinterlässt. Diese Landschaft ist außerdem stark von Erosion geprägt: Der Wind hat im Laufe der Jahrmillionen rillenartige Strukturen freigelegt, während das Kraterbecken teilweise von Sand aufgefüllt wurde.

Links: Sonnenuntergang über der Sahara

Rechts unten: Die Sinai-Halbinsel

Nächste Doppelseite: Dünenlandschaft in Afrika *(links)* und ein Blick auf den Norden des Kontinents *(rechts)*

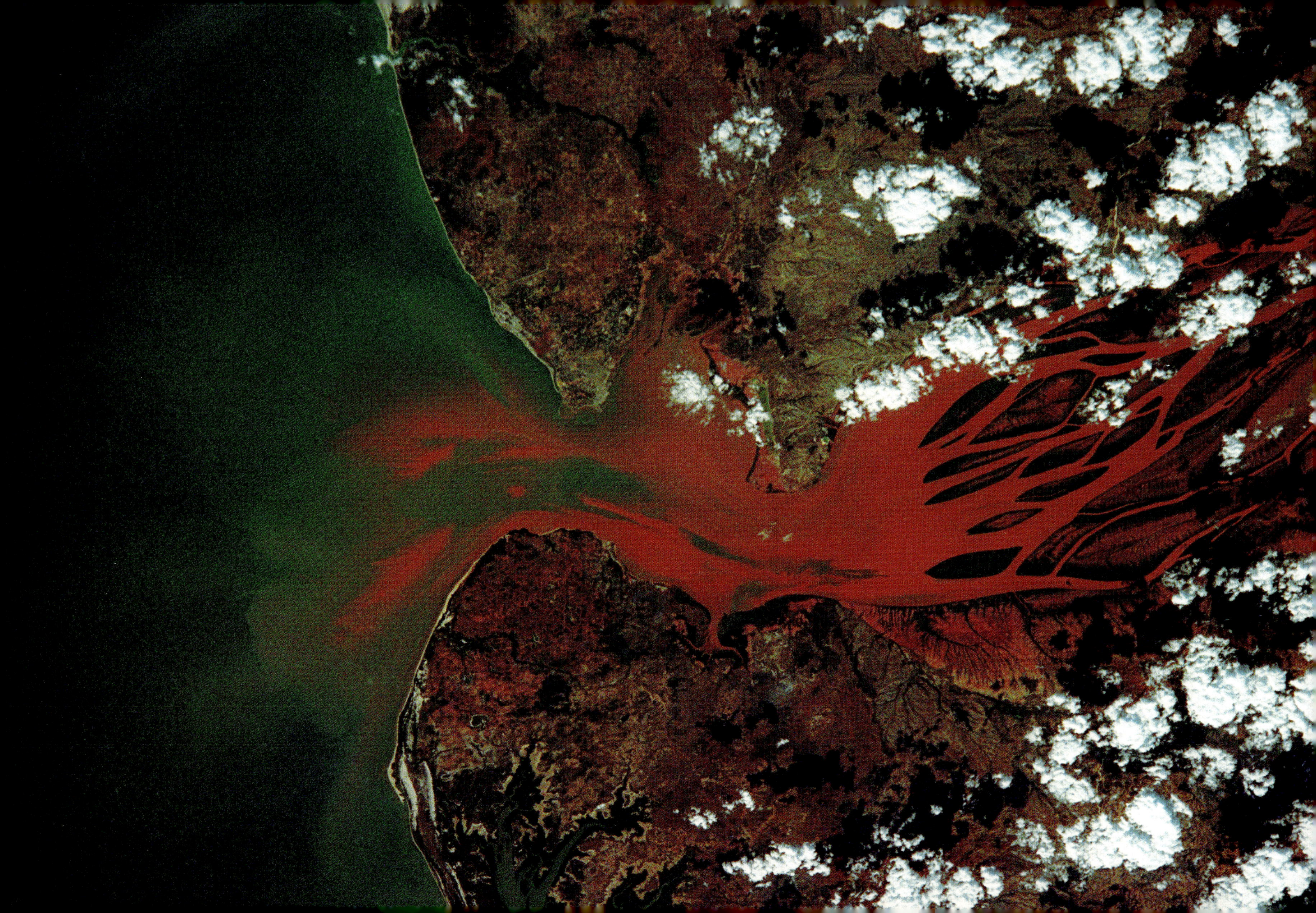

Rote Flüsse auf dem Blauen Planeten

Die Rotfärbung des Betsiboka, des größten Flusses von Madagaskar *(links)*, geht auf den Eintrag von Schlamm und anderen Sedimenten zurück, der durch Waldrodungen gefördert wird. Auf dem Bild rechts ist lediglich die schräg stehende Abendsonne dafür verantwortlich, dass die Küste der Insel östlich von Afrika in rötliches Licht getaucht wird.

Inseln im Sonnenlicht

Die Abbildung links zeigt die Kanarischen Inseln im Licht der Sonne, das vom Atlantik reflektiert wird.

Rechts: Die Straße von Gibraltar. Hier treffen mit Europa (unten) und Afrika (oben) zwei Kontinente, mit dem Mittelmeer (links) und dem Atlantik (rechts) zwei Meere aufeinander.

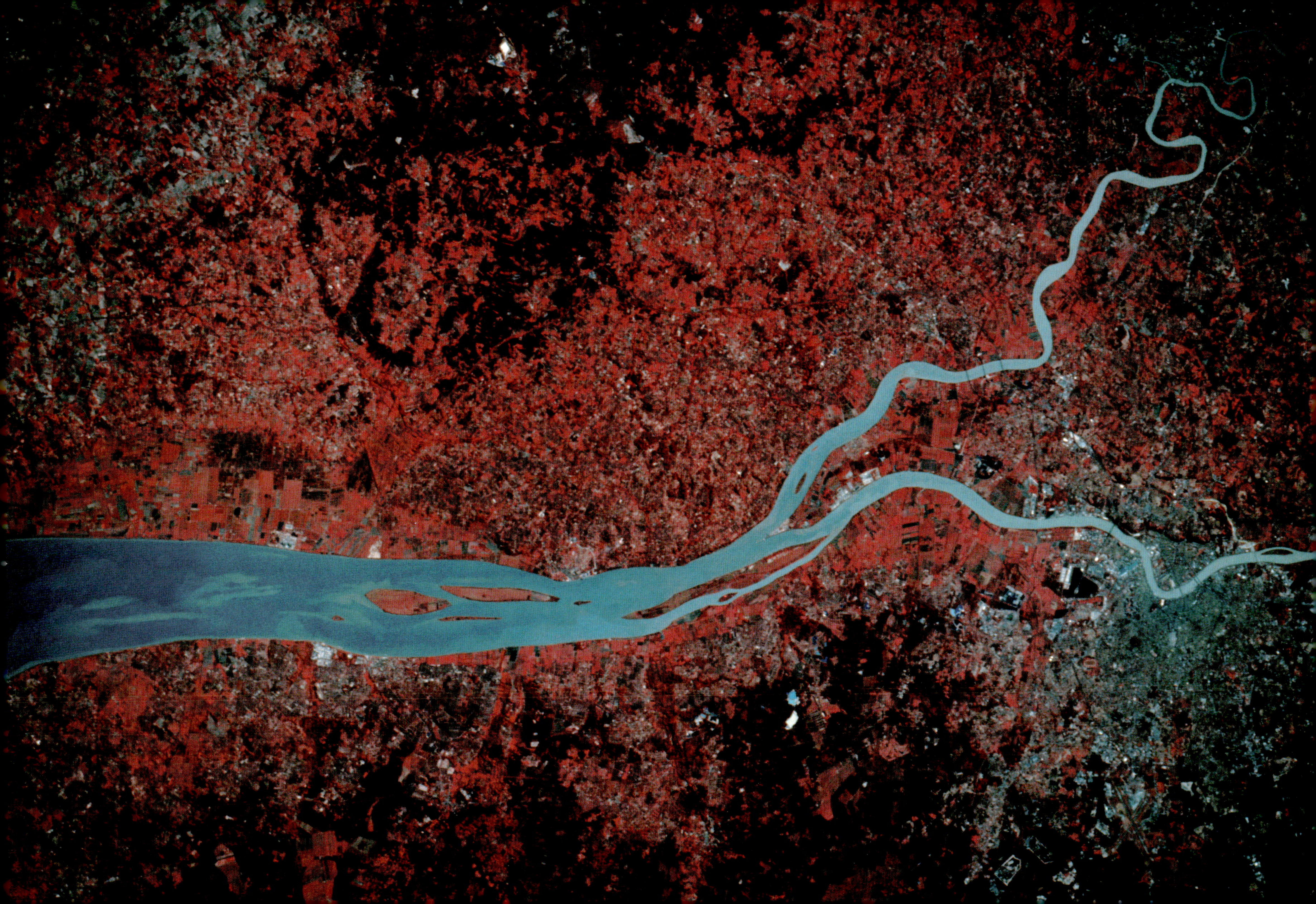

Bordeaux in Infrarot

Bordeaux im Südwesten Frankreichs *(links)*. Farblich passend zu den berühmten Weinen der Region, gibt diese Infrarotaufnahme die Landschaft in verschiedenen Rottönen wieder. Die Felder in Hellrot lassen sich gut von den Wäldern in dunklerem Rot unterscheiden. Deutlich zu erkennen ist der Zusammenfluss von Garonne und Dordogne, aus dem die Gironde entsteht.

Rechts: Die Schweizer Alpen mit Eiger, Mönch und Jungfrau

Flug über dem rotierenden Globus

Die Abbildungen zeigen die Mittelmeerinsel Kreta *(links)* und die Stiefelspitze Italiens mit Sizilien im Hintergrund *(rechts)*. Übrigens geraten nicht alle Regionen der Erde ins Blickfeld der Astronauten: Der Ring, den die ISS um die Erde beschreibt, ist zum Äquator um 51,6 Grad geneigt. Das heißt, dass die Umlaufbahn am nördlichsten beziehungsweise südlichsten Punkt nie über den 52. Breitengrad hinausreicht – was im Norden ungefähr der Höhe von Berlin und auf der Südhalbkugel jener von Kap Horn entspricht. Dabei dreht sich der Globus bei jeder Erdumrundung unter der Umlaufbahn weiter, so dass die Crew nach 90 Minuten nicht erneut dasselbe Gebiet überfliegt, sondern eine weiter westlich gelegene Region.

Zwischen Tag und Nacht

Wolken in der Dämmerung – aufgenommen über Polen *(links)*. Da der Space Shuttle und die ISS nur 90 Minuten für einen Orbit benötigen und daher innerhalb von 24 Stunden die Erde 16-mal umkreisen, überfliegen Astronauten häufig die Tag-Nacht-Grenze.

Nächste Doppelseite: Wolkenformationen

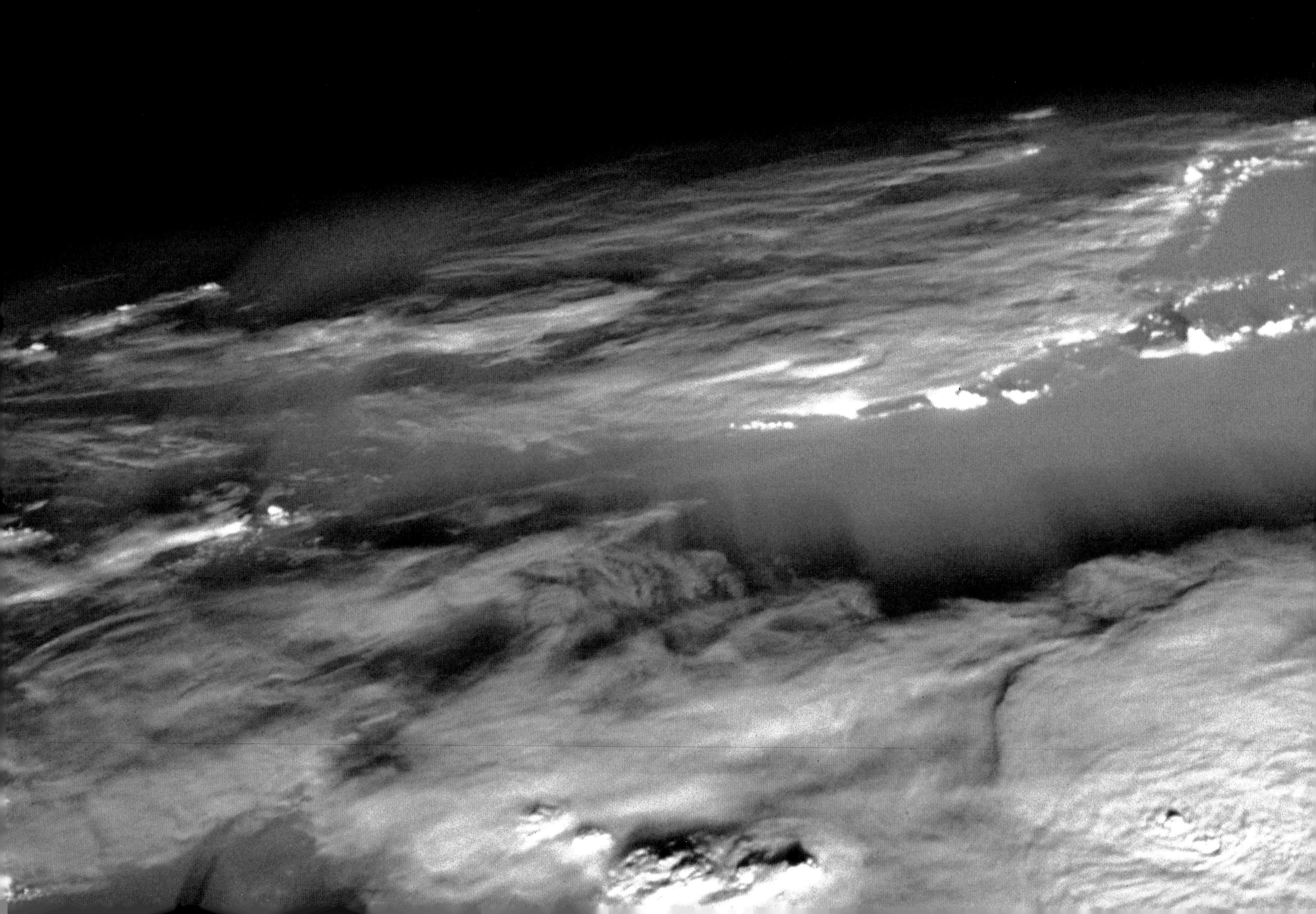

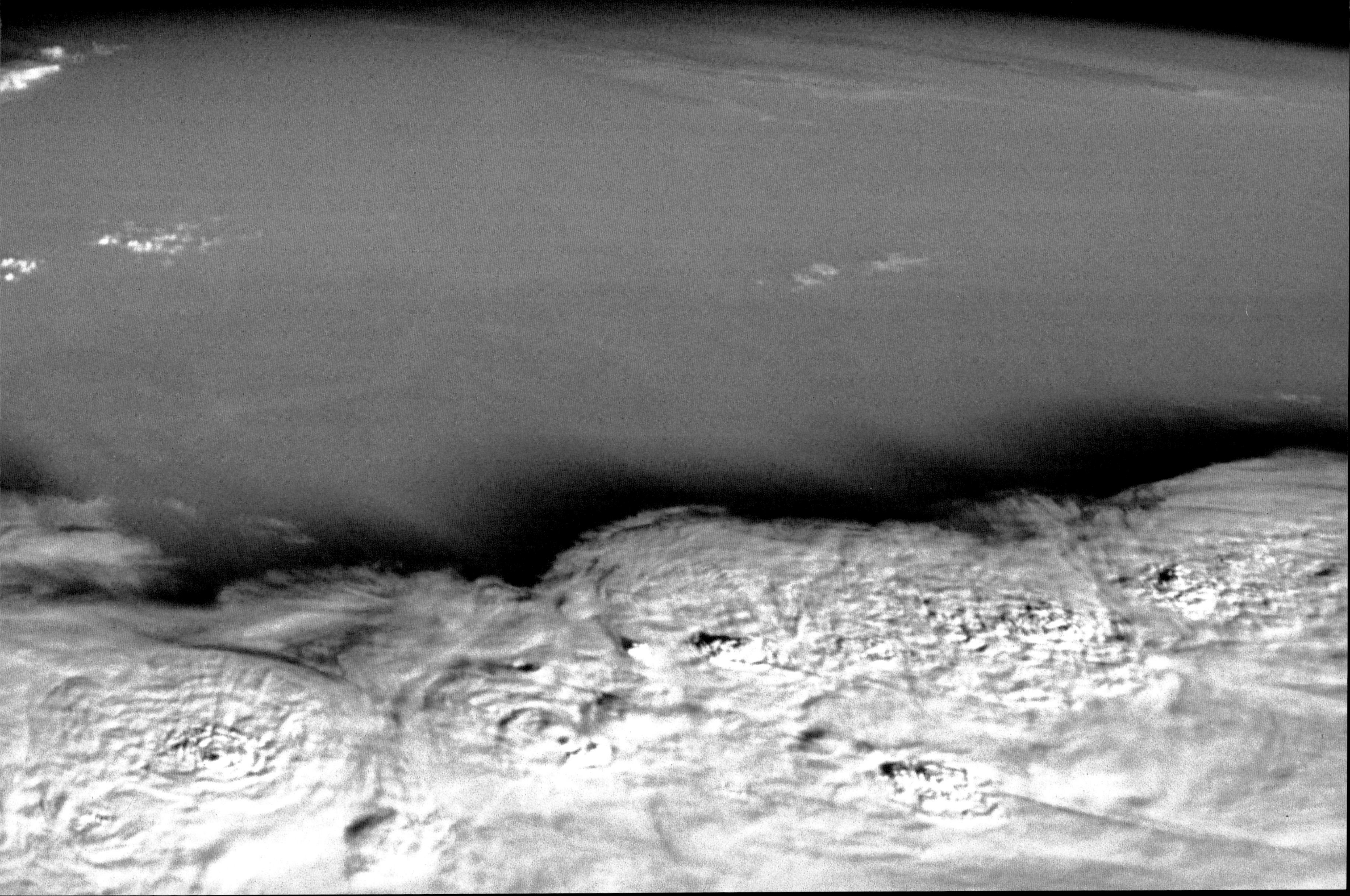

BESUCH BEI UNSEREN KOSMISCHEN NACHBARN

Besuch bei unseren kosmischen Nachbarn

Neun Planeten umkreisen die Sonne – einige, wie Merkur und Venus, in recht geringem Abstand, andere in vielen hundert Millionen Kilometer Entfernung, wo selbst unser mächtiges Zentralgestirn nur noch als heller Stern zu erkennen ist. Die Erde, der dritte Planet des Sonnensystems, hat die ideale Distanz zur Sonne, was – neben vielen anderen Faktoren – überhaupt erst Leben auf unserem Planeten ermöglicht. Doch auch andere Himmelskörper könnten einfache Lebensformen beherbergen, zumal Bakterien bekanntlich auch auf der Erde unter extremen Bedingungen wie in der Kälte des polaren Eises oder in der Nähe heißer Quellen am Boden der Tiefsee ohne jedes Sonnenlicht existieren können. So ist die Suche nach Spuren früheren Lebens oder gar nach existierendem Leben außerhalb unseres Planeten keine Utopie, sondern einer der Antriebe, unser Sonnensystem zu erforschen.

Wie weit uns diese Missionen zu entfernten Welten auch führen mögen, die Ergebnisse helfen uns immer wieder, die Entwicklungsgeschichte unseres Heimatplaneten besser zu verstehen. Eines von vielen Beispielen: die ESA-Mission Rosetta, welche die Landung einer unbemannten Sonde auf einem Kometen zum Ziel hat. Kometen ziehen in der Regel weit jenseits der äußeren Planeten ihre Bahnen, viele Millionen oder gar Milliarden Kilometer von uns entfernt, geraten jedoch von Zeit zu Zeit in die Nähe der Sonne, wo sie ihren charakteristischen Schweif ausbilden. Diese kalten Himmelskörper konservieren wie kosmische »Tiefkühltruhen« die Materie, aus der sie und das gesamte Sonnensystem einschließlich der Erde vor etwa fünf Milliarden Jahren entstanden sind. Analysiert man also die Zusammensetzung eines Kometen, blickt man damit auch in die Anfänge der irdischen Entstehungsgeschichte zurück.

Auf den folgenden Seiten laden Bilder der interessantesten Raumfahrtmissionen unserer Zeit zu einer Entdeckungsreise durch das Sonnensystem ein, von der Sonne selbst bis hinaus zum geheimnisvollen Saturnmond Titan und den wenig erforschten äußeren Planeten.

Links: Die europäische Sonde Huygens landet auf dem Saturnmond Titan (künstlerische Darstellung). Der zweitgrößte Mond des Sonnensystems verfügt als einziger über eine dichte Atmosphäre. Wissenschaftler gehen davon aus, dass sie der Lufthülle der jungen Erde ähnelt und daher Rückschlüsse auf die Frühgeschichte unseres eigenen Planeten erlaubt.

Wenn die Sonne blau erstrahlt

Die Sonnenforschung dient dem Studium unseres Zentralgestirns und der Folgen, welche die solare Strahlung für das Leben auf der Erde hat. So untersucht man etwa die Auswirkungen des Sonnenwindes – eines Partikelstroms, der sich gelegentlich gefährlich verstärken kann – auf die Magnetosphäre der Erde. Wenn dieser Schutzschild, der unseren Planeten umgibt, einem gesteigerten Teilchenbeschuss nicht mehr standhalten kann, werden sogar Kraftwerke vorübergehend in ihrer Funktion gestört.

Aber auch die Wissenschaft profitiert von den Sonnensonden: Schließlich ist die »nur« 150 Millionen Kilometer von uns entfernte Sonne der erdnächste Stern und lässt sich daher gut aus der Nähe studieren. Der »Star« unter den Sonnensonden ist zweifellos SOHO, ein von Europa in enger Kooperation mit den USA durchgeführtes Projekt. SOHO untersucht Prozesse im Inneren der Sonne, auf der Oberfläche und in ihrer turbulenten Atmosphäre, wo gewaltige Mengen solarer Materie ins All geschleudert werden. Diese sogenannten Protuberanzen übertreffen übrigens die Erde an Größe um ein Vielfaches. Die links gezeigte »blaue Sonne« ist das Ergebnis einer SOHO-Aufnahme in einem bestimmten Ausschnitt des ultravioletten Lichtspektrums. Sie gibt Hinweise auf die Temperaturverteilung.

Spektakuläre Nahaufnahmen

Die unten abgebildete Aufnahme der NASA-Sonde Trace zeigt, wie turbulent es auf der Sonne zugeht.

Nächste Doppelseite: Eine weitere Aufnahme der Sonnensonde SOHO, die eine gewaltige Eruption – oder Protuberanz – zeigt

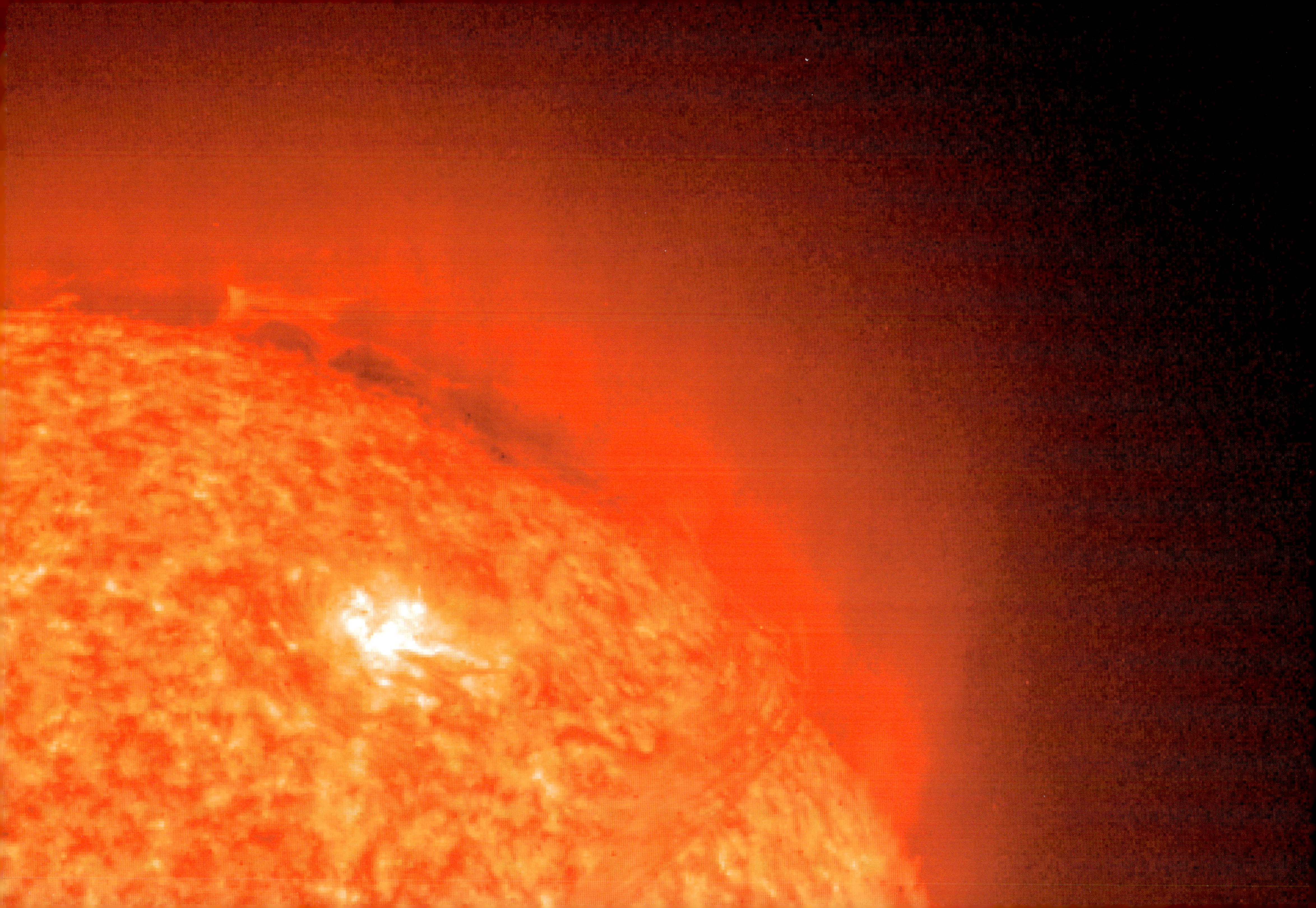

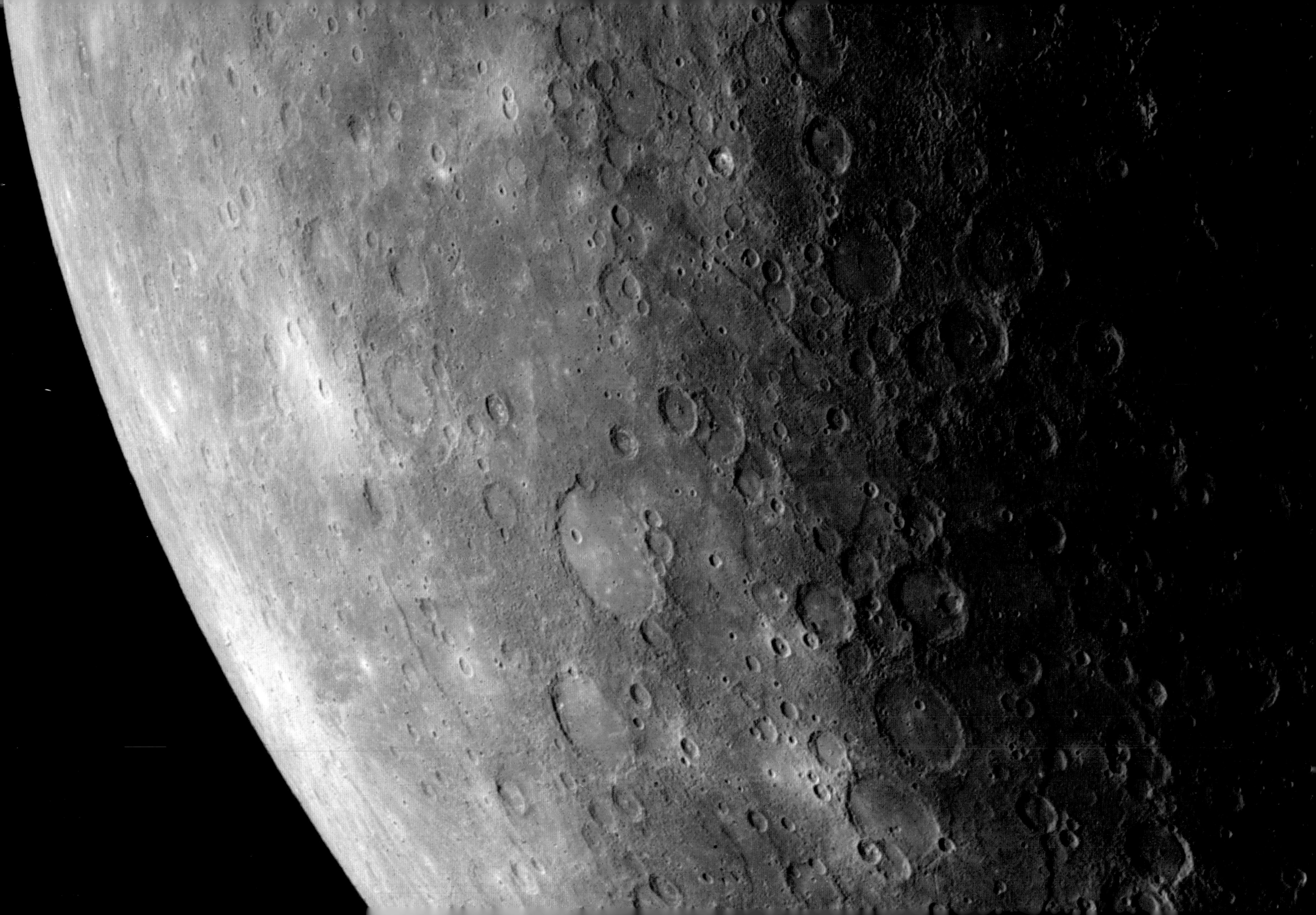

Spuren einer Katastrophe?

Merkur *(links)* ist der am wenigsten erforschte Planet im inneren Sonnensystem. Teile seiner Oberfläche sind bislang nie fotografiert worden. Nun sollen amerikanische und europäische Raumsonden zum Merkur aufbrechen und eine Reihe von Fragen klären: Kam es einst zu einer Katastrophe unvorstellbaren Ausmaßes, als ein gewaltiger Himmelskörper mit Merkur kollidierte? Einiges jedenfalls deutet auf einen solchen Einschlag hin, der sich vor Milliarden Jahren ereignet haben könnte. Würde dies erklären, warum Merkur eine andere geologische Zusammensetzung aufweist als die übrigen inneren Planeten Venus, Erde und Mars? Und lassen sich aus dieser Impakt-Theorie Rückschlüsse auf die Entstehung unseres Mondes ziehen, der bei einer ähnlich dramatischen Kollision eines Himmelskörpers mit der Erde entstanden sein dürfte? Anscheinend hält Merkur einige interessante Geschichten für die Forschung bereit. Doch der Flug birgt eine Reihe von Risiken: So werden die Sonden beispielsweise extremen Temperaturen ausgesetzt sein, wenn sie den der Sonne sehr nahen Planeten umkreisen. Das werden »heiße« Ausflüge ins Zentrum unseres Sonnensystems werden.

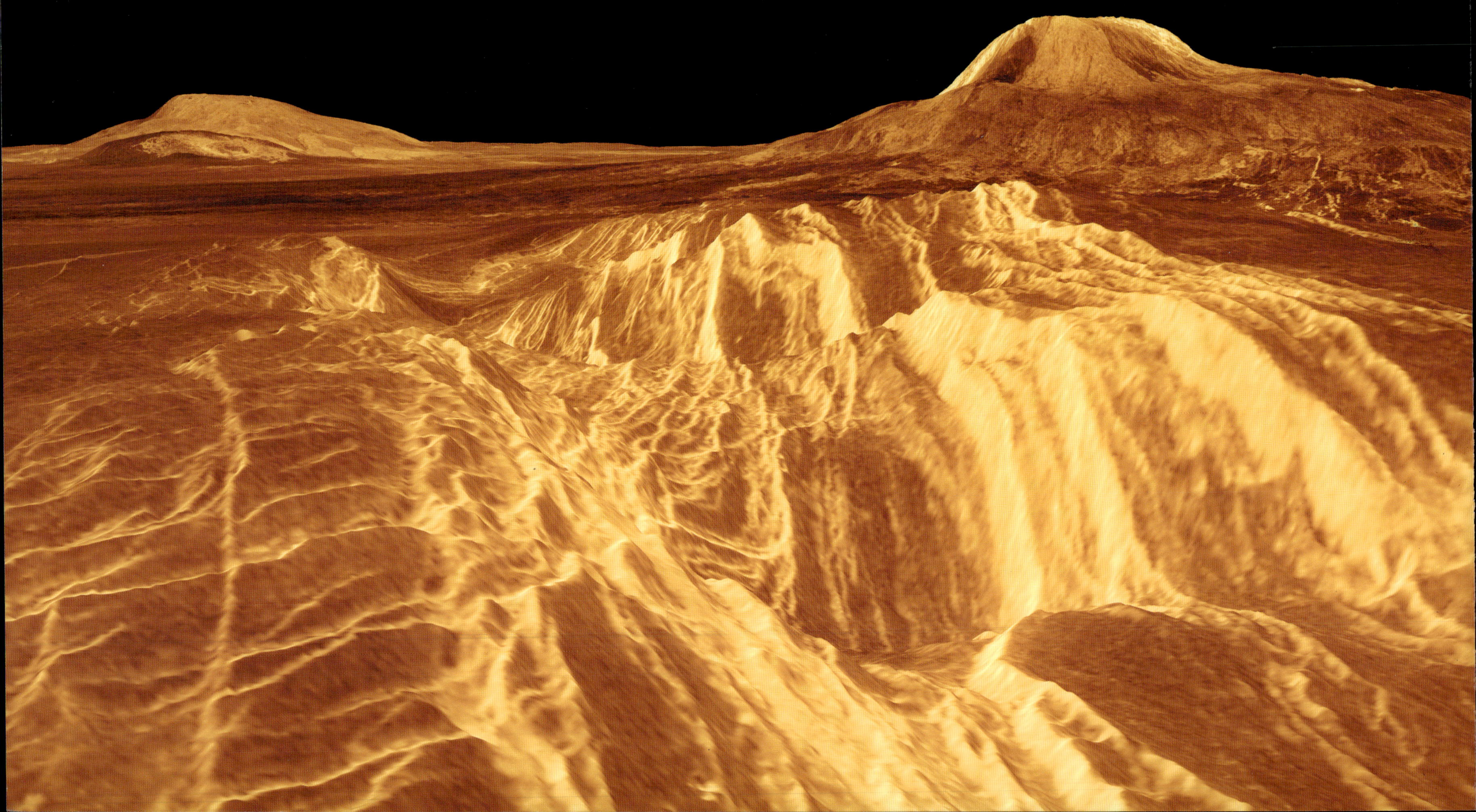

Die Venus – eine tödlich heiße Welt

Die Venus: benannt nach der römischen Göttin der Schönheit und Liebe. Unser Bild vom Nachbarplaneten, der auch als Morgen- oder Abendstern bekannt ist, war lange Zeit von Romantik geprägt. Doch verschiedene Raumfahrtmissionen wie die russischen Venera-Sonden und die NASA-Sonde Magellan gaben den Blick auf eine äußerst unromantische Welt frei: Vulkane, Krater, öde Ebenen – und das bei Temperaturen von über 400 Grad, die selbst Metalle schmelzen lassen. Wie kam es, dass sich die Venus in jene tödlich heiße Hölle verwandelte, während auf der Erde eine lebensfreundliche Biosphäre entstand? Was geschah auf unserem Schwesterplaneten, der unserer Erde in Größe und Masse so ähnlich ist? Die ESA-Sonde Venus Express soll weitere Aufschlüsse über die Klimakatastrophe auf der Venus bringen, die man bis heute nicht vollständig erklären kann. Die Erkenntnisse werden uns auch helfen, die Entwicklung der Erde und Phänomene wie den Klimawandel besser nachzuvollziehen.

Links: Eine virtuelle Ansicht der Venusoberfläche. Anders als der Betrachtungswinkel vermuten lässt, befand sich die Sonde Magellan in einer mehrere hundert Kilometer hohen Umlaufbahn, als sie Daten für dieses Bild übermittelte. Der perspektivische Eindruck wurde digital erzeugt.

Rechts: Die ESA-Sonde Venus Express (künstlerische Darstellung)

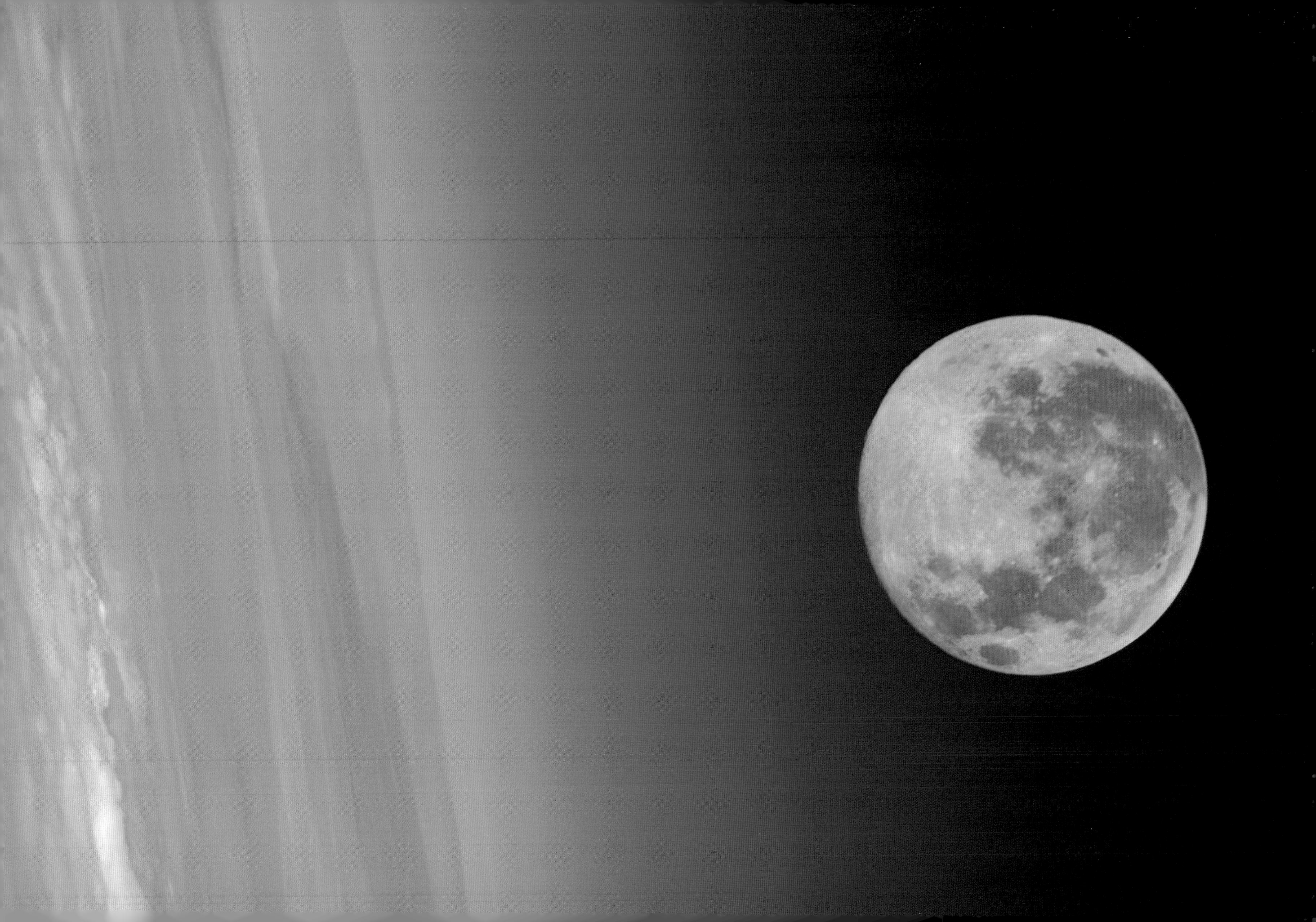

Comeback mit Ionentriebwerk

Der Mond, aufgenommen von der Besatzung der Internationalen Raumstation ISS *(links)*. Seit dem Ende des amerikanischen Apollo-Programms im Jahr 1972 haben keine Astronauten mehr seine Oberfläche betreten. Nun wird das »Comeback« geplant: Amerikaner und Europäer erarbeiten gegenwärtig Studien für bemannte Missionen, die zunächst zum Mond und in einigen Jahrzehnten sogar zum Mars führen sollen. Unbemannte Sonden wie die europäische Mission Smart-1 – ausgestattet mit einem futuristischen Ionentriebwerk, Geräten zur Kommunikation per Laser und anderen wegweisenden Innovationen – dienen der Vorbereitung.

Rechts: Smart-1 (künstlerische Darstellung)

Nächste Doppelseite: Eines der ersten und eines der letzten Bilder, die im Rahmen des Apollo-Programms der NASA entstanden sind. Das Foto links zeigt Edwin Aldrin auf dem Mond. Aldrin und Neil Armstrong betraten im Juli 1969 als erste Menschen unseren Trabanten. Das Bild von den ersten Schritten auf einer anderen Welt zählt zu den berühmtesten Fotos des 20. Jahrhunderts. Auf dem Bild rechts ist Harrison H. Schmitt beim Moonwalk zu sehen, fotografiert von Eugene A. Cernan. Die beiden Apollo-17-Astronauten waren 1972 als letzte Raumfahrer auf dem Mond. Vorerst ...

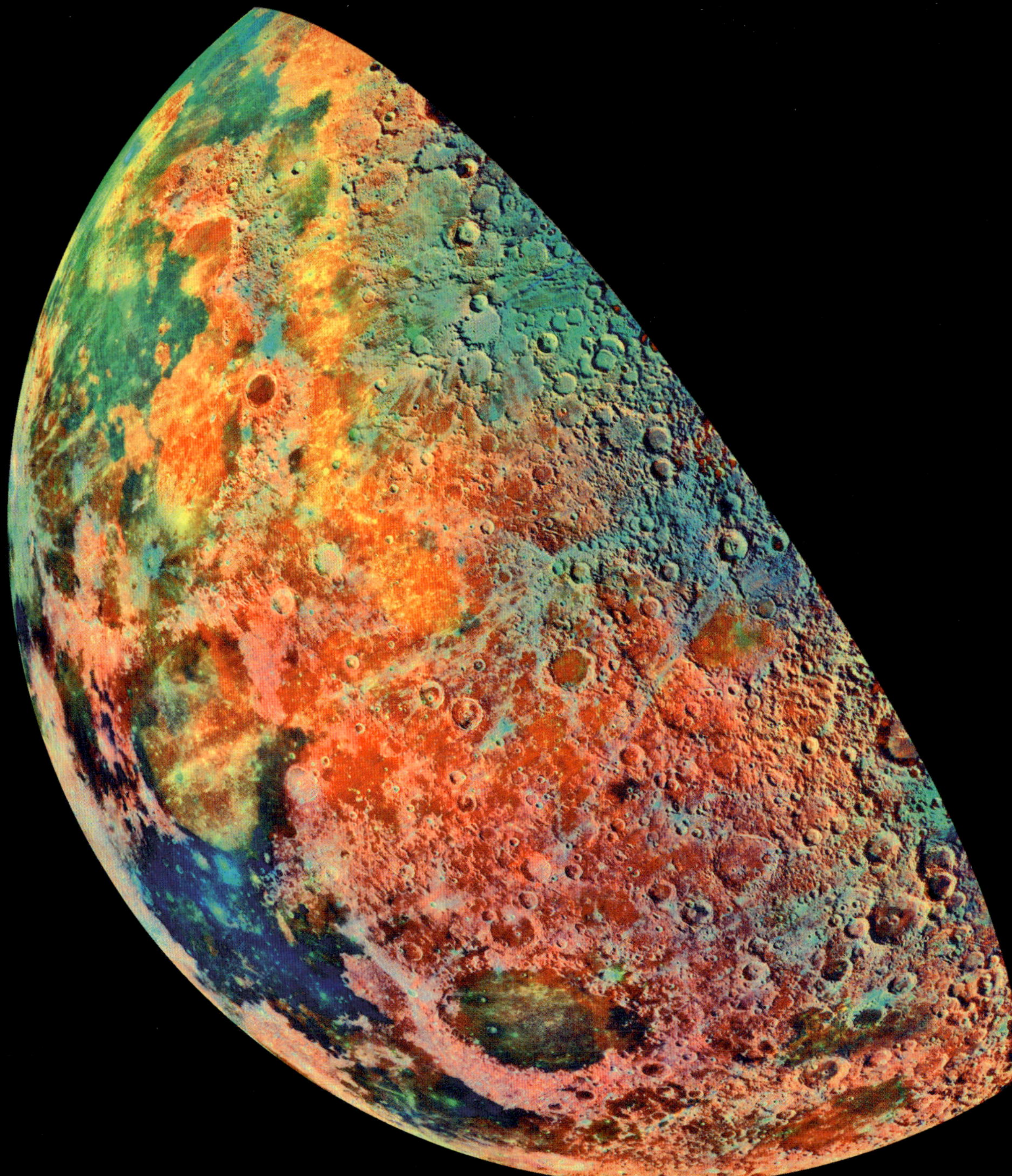

Die ewigen Schatten des Mondes

Das linke Bild, aufgenommen von einer deutsch-amerikanischen Sonde, zeigt die Bodenbeschaffenheit des Mondes in Falschfarben an. Das kräftige Blau etwa deutet auf einen hohen Anteil von Titan hin. Obwohl solche unbemannten Projekte und die Apollo-Missionen den Mond intensiv untersucht haben, sind in der Mondforschung noch immer zahlreiche Fragen offen. Denn die Flüge der letzten Sonden liegen schon viele Jahre zurück, und Astronauten landeten immer nur in der Nähe des Mondäquators – und auch das nur auf der Seite des Mondes, die der Erde zugewandt ist.

Smart-1 nimmt nun einen neuen Anlauf und untersucht den Mond mit Instrumenten, die um ein Vielfaches empfindlicher sind als die zuvor eingesetzten Sensoren. So kann die Infrarotkamera an Bord der europäischen Sonde 256 statt nur sechs verschiedene Wellenlängenbereiche unterscheiden. Auch jene geheimnisvollen dunklen Gebiete des Mondes, die etwa am Boden tiefer Krater im ewigen Schatten liegen und in denen man Wassereis vermutet, werden unter die Lupe genommen.

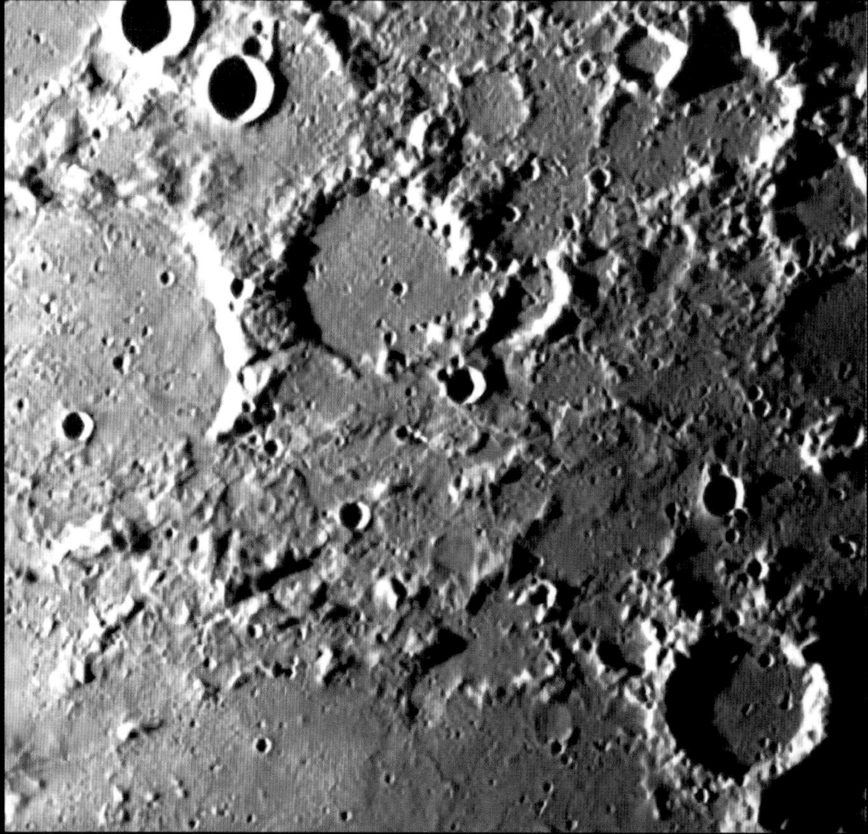

Rechts: Eine der ersten Nahaufnahmen, die Smart-1 vom Mond übermittelte

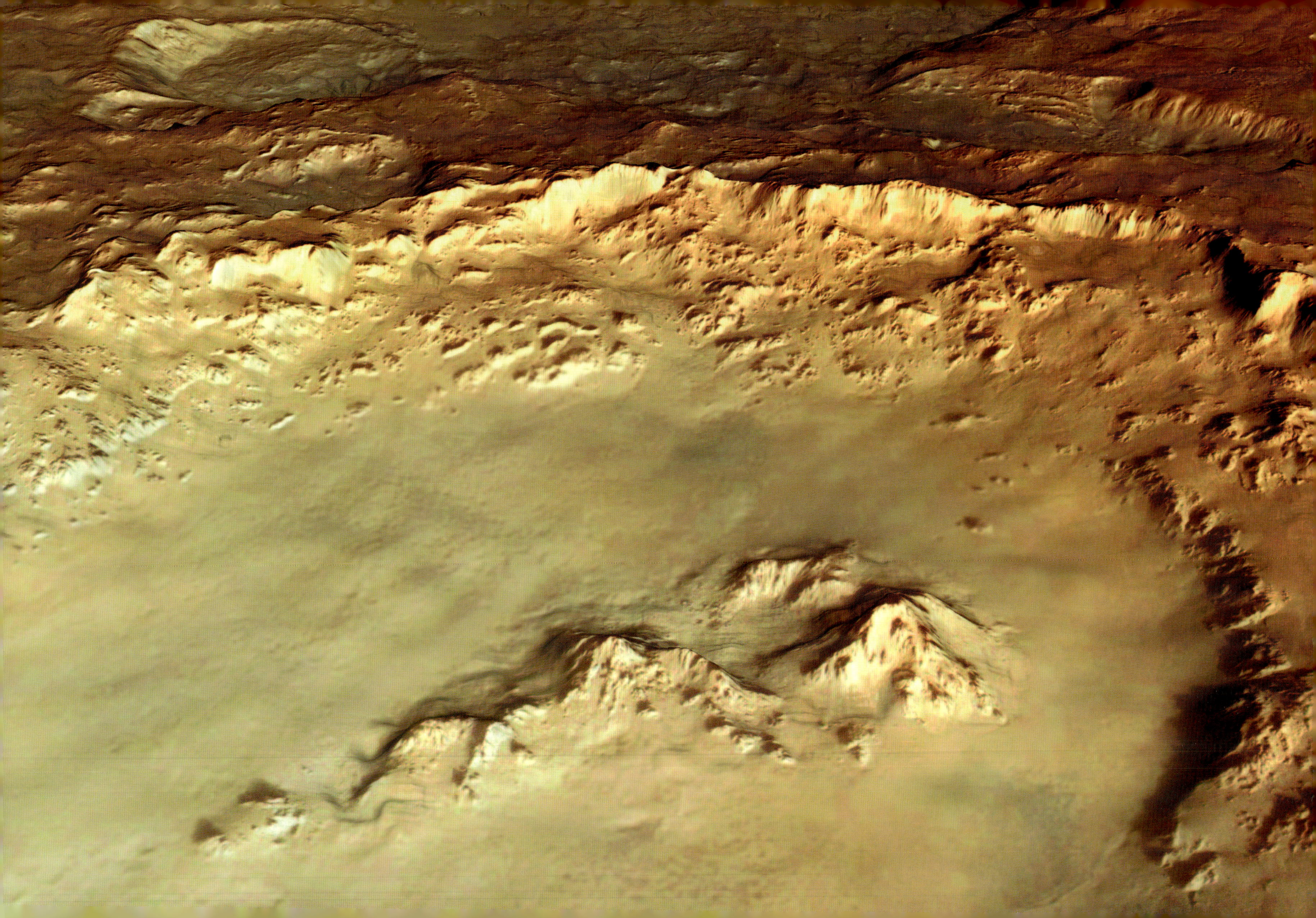

Gab oder gibt es Leben auf dem Mars?

Selten war die Konstellation von Erde und Mars so günstig wie 2003: Ein Flug zum Roten Planeten ließ sich in diesem Jahr in nur sechs Monaten realisieren. Daher schickten die Raumfahrtnationen der Erde damals gleich eine ganze Flotte von Raumsonden auf die 80 Millionen Kilometer lange Reise. Die spektakulärsten Resultate lieferten die europäische Mission Mars Express und die amerikanischen NASA-Rover Spirit und Opportunity.

Die Instrumente der ESA-Sonde konnten den direkten Nachweis für Wassereis am Nord- und am Südpol des Mars erbringen. Außerdem fanden sie Spuren von Methan in der Atmosphäre des Planeten, was ein Indiz für die Existenz einfacher Lebensformen dicht unter der Marsoberfläche sein könnte. Diese wiederum wurde von einer europäischen Hochleistungskamera (HRSC) fotografiert, aus deren Rohdaten sowohl hochaufgelöste Farbbilder als auch computergenerierte perspektivische Ansichten und Stereobilder von einzigartiger Brillanz und Genauigkeit erzeugt werden können. Zur gleichen Zeit analysierten die NASA-Fahrzeuge Bodenproben und übermittelten Nahaufnahmen der bizarren Marslandschaft.

Das Bild links zeigt eine perspektivische Ansicht des Kraters Hale, die auf der Grundlage von Daten der hochauflösenden Stereokamera HRSC an Bord der ESA-Sonde Mars Express erstellt wurde.

Inseln in der Wüste

Die Abbildung auf der nächsten Doppelseite zeigt Tafelberge in der Wüste. Wie Inseln ragen sie aus einer offenbar einst von Wasser geformten Ebene hervor.

Unten: Die europäische Sonde Mars Express. Unter anderem mit an Bord: die Stereokamera HRSC (High Resolution Stereo Camera). Alle in diesem Buch gezeigten HRSC-Bilder wurden an der Freien Universität Berlin in Zusammenarbeit mit dem Deutschen Zentrum für Luft- und Raumfahrt (DLR) erstellt. Das Copyright für all diese Abbildungen liegt bei ESA, DLR und FU Berlin (G. Neukum).

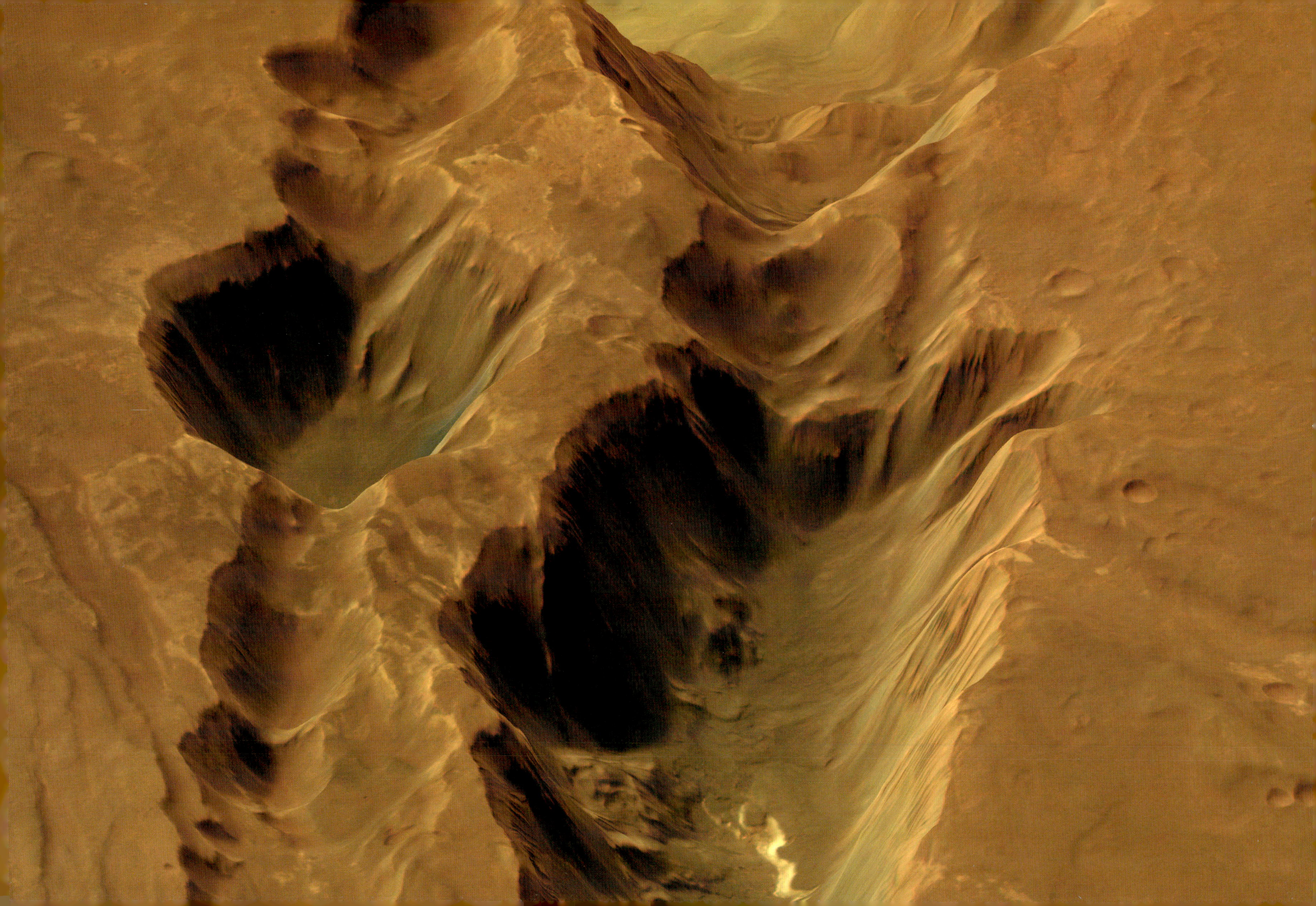

Methan in der Atmosphäre

In mancher Hinsicht ist der Mars der Erde sehr ähnlich: Auch auf unserem roten Nachbarn wechseln sich Jahreszeiten ab – ein Marsjahr dauert allerdings etwa doppelt so lang wie ein Jahr auf der Erde –, und der Mars besitzt sogar, wie das Bild unten zeigt, eine dünne Atmosphäre mit Dunst und Wolken. Selbst Methan konnten an Mars Express beteiligte italienische Wissenschaftler in der Atmosphäre nachweisen – eine Entdeckung, die neue Fragen aufwirft, da dieses Gas auch auf einfache Lebensformen hindeuten könnte.

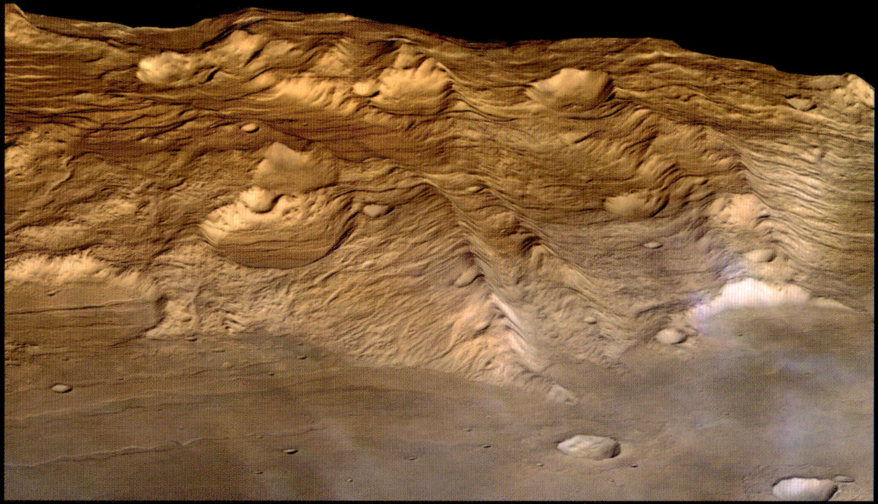

Planetenforschung: In Bildern »lesen«

Die Abbildung auf der nächsten Doppelseite links zeigt die Region Solis Planum. Die Planetenforscher »lesen« in diesen Aufnahmen spektakulärer Landschaften, um mehr über die Vergangenheit des Mars und unseres Sonnensystems zu erfahren. Auf dem Bild sind Krater zu sehen, die offenbar nicht durch vulkanische Aktivität, sondern infolge von Meteoriteneinschlägen entstanden sind, sowie Gräben, die sich aufgrund von tektonischen Bewegungen gebildet haben.

Nächste Doppelseite rechts: Ähnliche Phänomene weist die Region Acheron Fossae auf, die hier in perspektivischer Darstellung gezeigt wird.

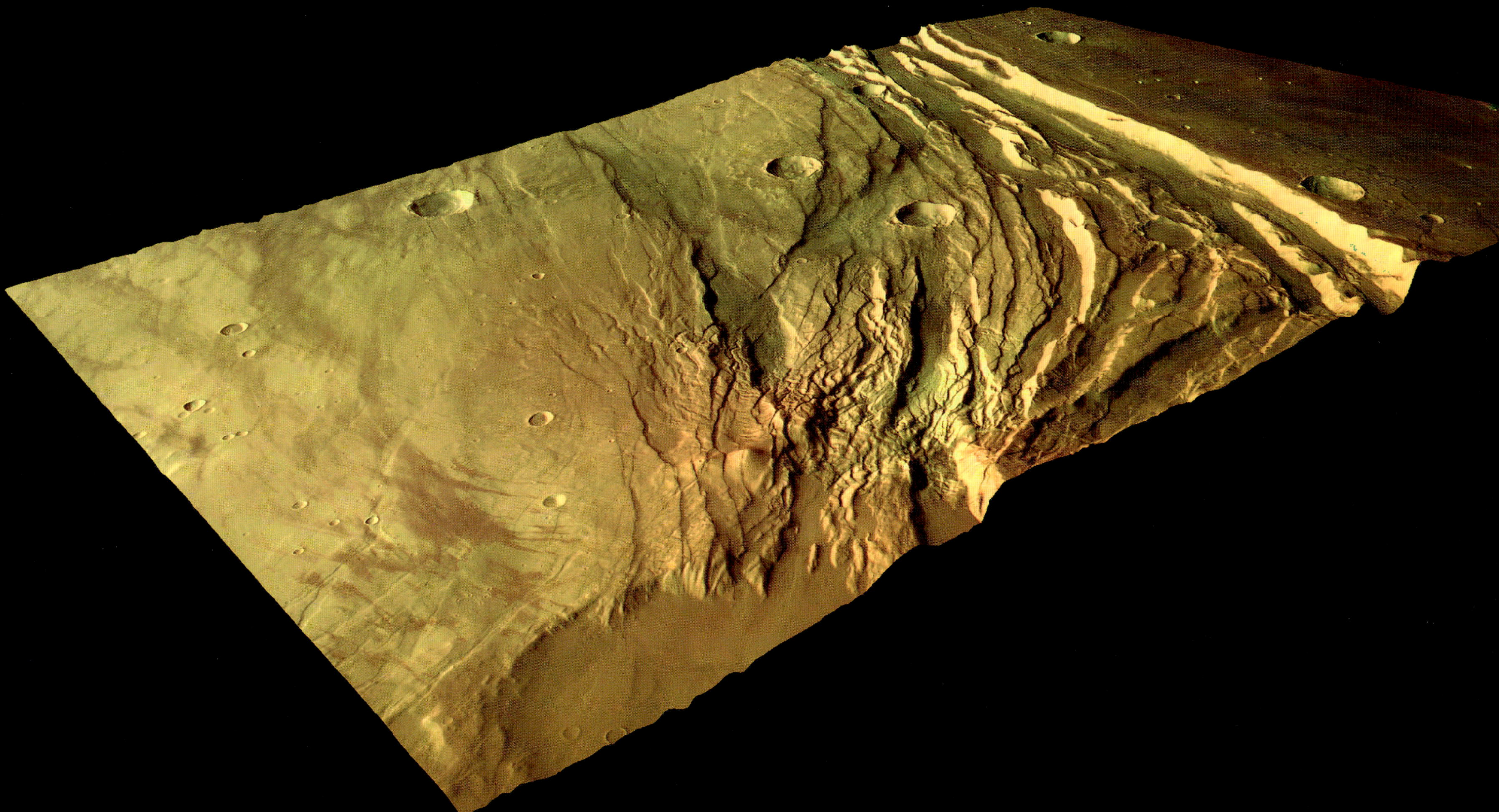

Ein »Wasserfall« aus Sand

Das Bild links zeigt den Vulkan Albor Tholus, genauer seinen kesselförmigen Krater, die sogenannte Kaldera. Abgesehen von der ungewöhnlichen Tatsache, dass der Krater beinahe so tief wie der gesamte Vulkan hoch ist, überraschte die Wissenschaftler auf dieser Aufnahme Folgendes: Wie ein Wasserfall ergießt sich Sand vom Rande des Kraters in die Tiefe. Da der Mars über eine Atmosphäre verfügt, gibt es dort – anders als etwa auf unserem Mond – auch Stürme, die zu solchen Verwehungen führen können.

Ein See auf dem Wüstenplaneten

Eine handfeste Sensation lieferte dieses HRSC-Bild der ESA-Sonde Mars Express *(rechts oben)*. Es zeigt die Oberfläche eines zugefrorenen Gewässers. Auf dem eisigen See, der die Größe der Nordsee hat und Schätzungen zufolge rund 50 Meter tief ist, sind riesige Packeisschollen zu sehen. Vielleicht gibt diese Entdeckung entscheidende Hinweise auf immer noch nicht abschließend beantwortete Fragen. So ist bis heute nicht geklärt, warum sich unser Nachbar, auf dem offenbar einst gewaltige Wassermassen Flüsse und sogar Ozeane gebildet hatten, in einen roten Wüstenplaneten verwandelt hat und wohin das Wasser verschwinden konnte. Allem Anschein nach ist es nicht völlig verdunstet und in den Weltraum entwichen, sondern hat sich zu einem Teil im Dauerfrost auf und unter der Marsoberfläche konserviert.

Links: Diese Marslandschaft wurde offenbar vor wenigen Millionen Jahren von Gletschern geformt.

Rechts unten: Diese perspektivische Ansicht zeigt Wassereis am Nordpol des Mars. Zuvor hatten französische Wissenschaftler bereits anhand der von Mars Express übermittelten Daten nachgewiesen, dass die Eiskappen am Südpol des Mars aus gefrorenem Wasser bestehen.

Nächste Doppelseite: Auf dem Bild ist das zum Grabensystem des Valles Marineris gehörende Tal Tithonium Chasma zu sehen. Das Studium der Marsoberfläche mit ihren Kratern, Gräben und Sedimentablagerungen erlaubt Rückschlüsse auf die dramatischen Klimaveränderungen, die der Planet erlebt haben muss.

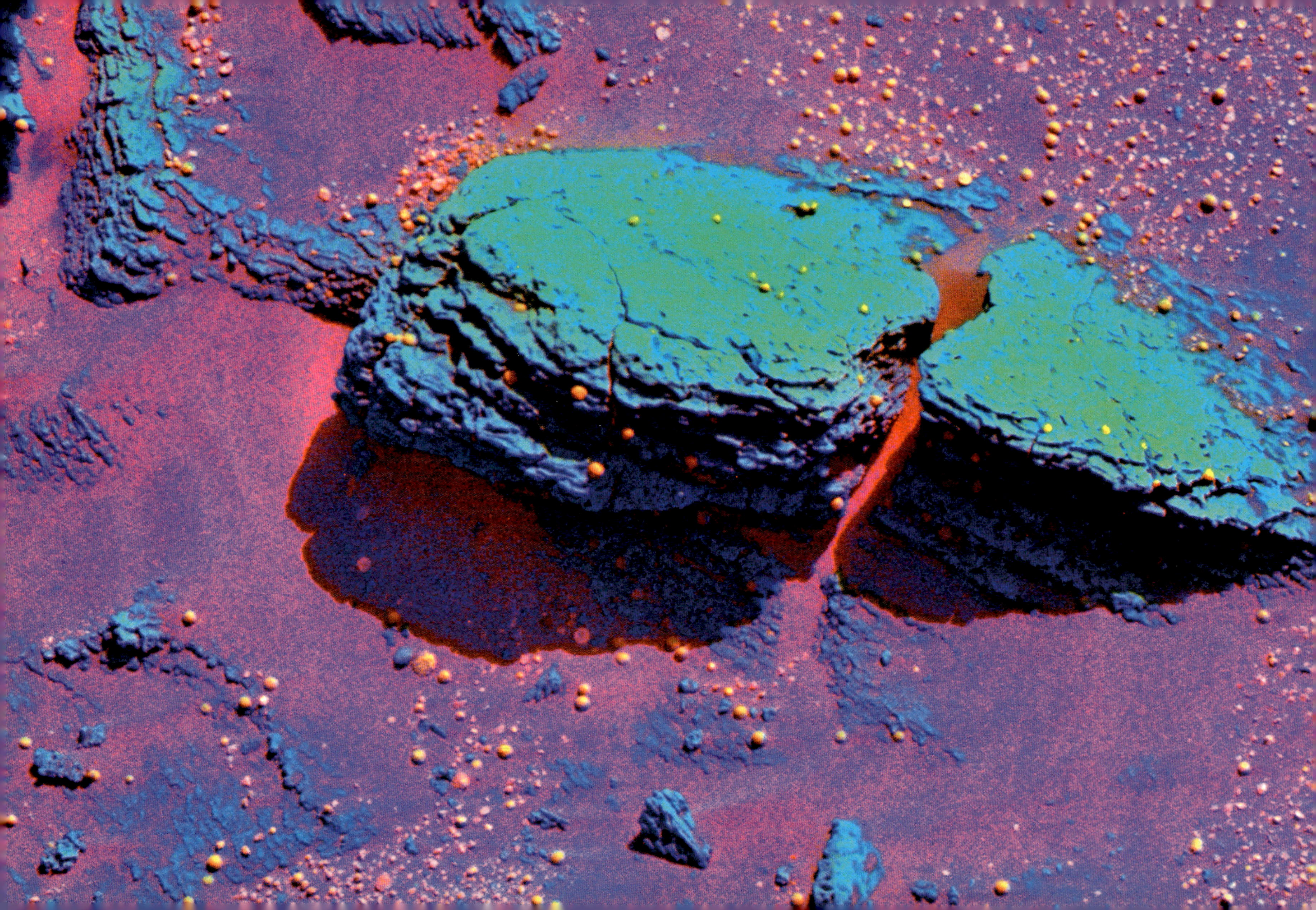

Das Geheimnis der »Blaubeeren«

Seit Anfang 2004 ziehen die NASA-Rover Spirit und Opportunity ihre Spuren durch den roten Sand des Mars. Die linke Seite zeigt ein Falschfarbenbild von Marsgestein, mit dem Opportunity die Wissenschaftler überraschte. Es lässt seltsame kugelförmige Ablagerungen erkennen, über die lange gerätselt wurde. Derartige Gebilde können durch verschiedene geologische Prozesse entstehen, etwa beim Erkalten von Lava. Inzwischen glaubt man jedoch, dass im Gestein vorhandene Feuchtigkeit eine Rolle bei der Entstehung der rätselhaften Objekte gespielt hat. Sind die nur millimetergroßen Tröpfchen, von den Wissenschaftlern »Blaubeeren« genannt, ein weiteres Indiz für Wasser auf dem Mars?

Rechts: Nahaufnahme der rätselhaften Formationen

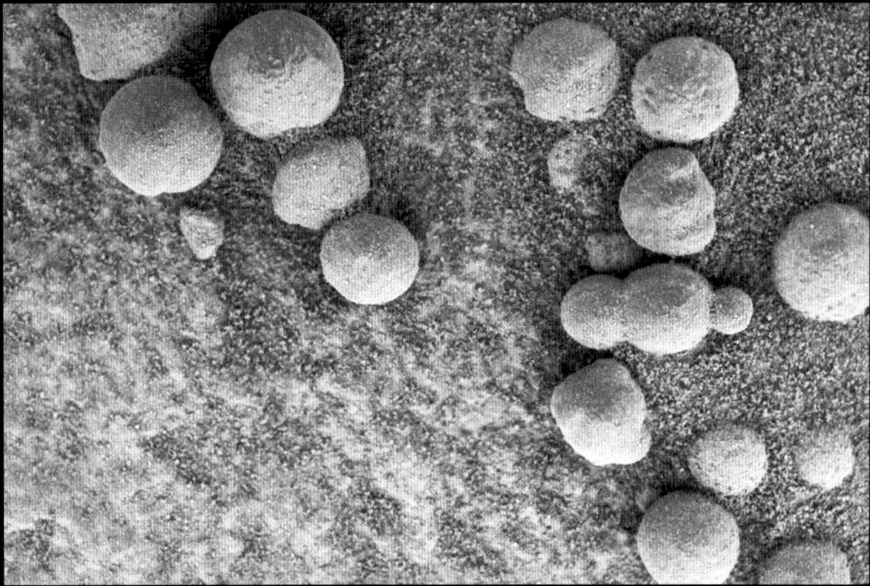

Steine ergänzen das Mars-Puzzle

Die linke Aufnahme zeigt den Mars aus der Sicht des Rovers Opportunity. Die Risse im Gestein werden von Wissenschaftlern auf Wasser zurückgeführt, das in die Felsen eingedrungen und dann gefroren ist. So tragen kleinste Hinweise dazu bei, das Mars-Puzzle nach und nach zu komplettieren und die Frage nach der Existenz von Wasser und Leben auf dem Roten Planeten zu beantworten. Dennoch werden weitere Missionen zum Mars nötig sein, bis diese grundsätzlichen Fragen definitiv geklärt sind. NASA und ESA bereiten zurzeit die nächsten Flüge vor – darunter weitere Rover-Missionen sowie Entsendungen von Sonden, die Gesteinsproben zur Erde bringen sollen.

Rechts oben: Dünen auf dem Mars – eine vom Mars-Rover Opportunity übermittelte Falschfarbenaufnahme

Rechts unten: Falschfarbenaufnahme der Landestelle des Rovers Spirit. Die Einfärbung ermöglicht es, »saubere« von staubbedeckten Steinen sowie dunklere und hellere Partien zu unterscheiden. Anhand derartiger Aufnahmen wurden die weitere Fahrtrichtung der Rover festgelegt und die Steine und Felsen ausgewählt, die näher untersucht werden sollten.

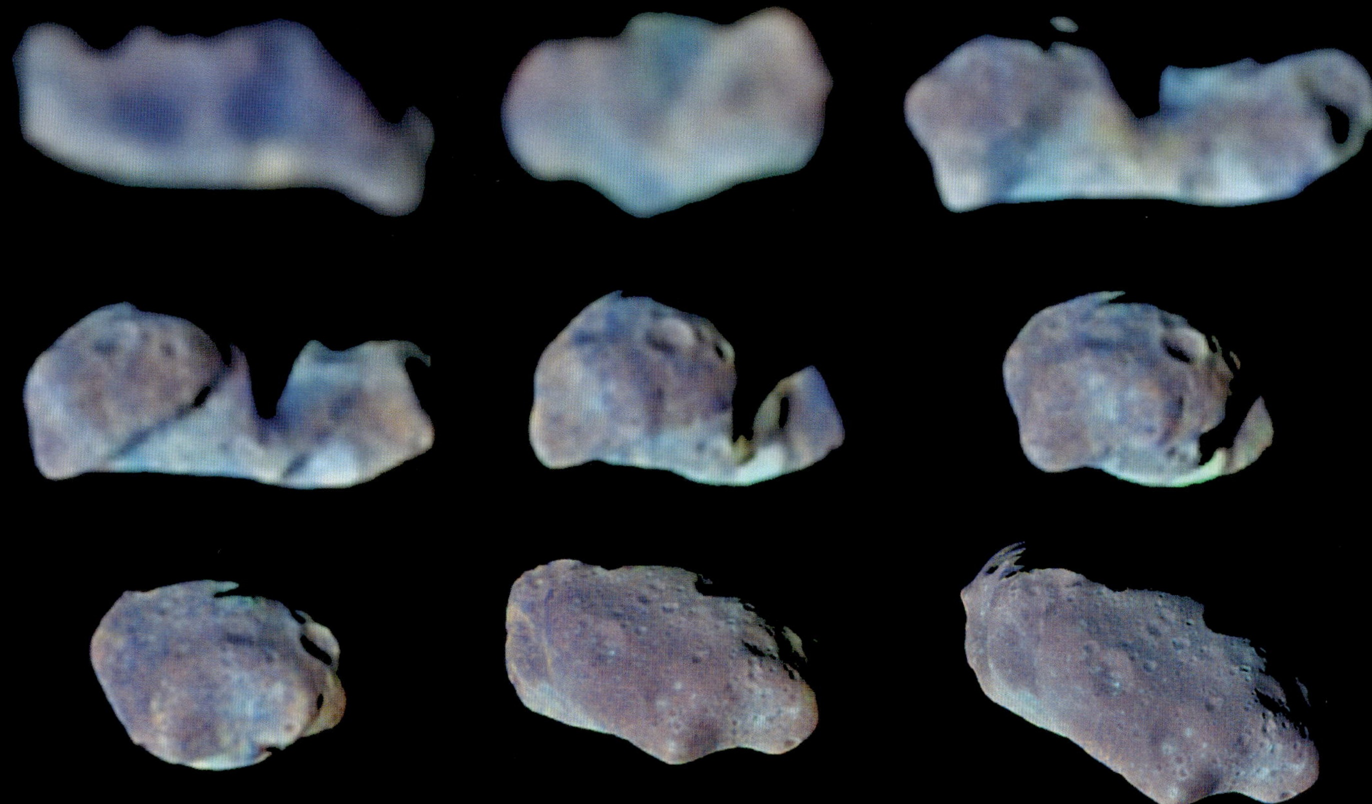

Jenseits des Mars klafft eine Lücke. Erst eine halbe Milliarde Kilometer weiter draußen zieht Jupiter seine Bahn. Doch der Raum zwischen dem Mars und dem Riesenplaneten ist nicht völlig leer: Abertausende von Felsbrocken, meist nur einige Kilometer groß, bilden dort einen überdimensionalen Gürtel aus Gestein. Sie sind entweder die Überreste eines früheren Planeten, der bei einer Kollision auseinander gebrochen ist, oder – was wahrscheinlicher ist – es konnte sich der Staub, aus dem einst alle Himmelskörper entstanden sind, an dieser Stelle nie zu einem Planeten verdichten. Vielmehr sorgten die Gezeitenkräfte, die Jupiter mit seiner enormen Masse ausübt, dafür, dass es hier bei Bruchstücken blieb.

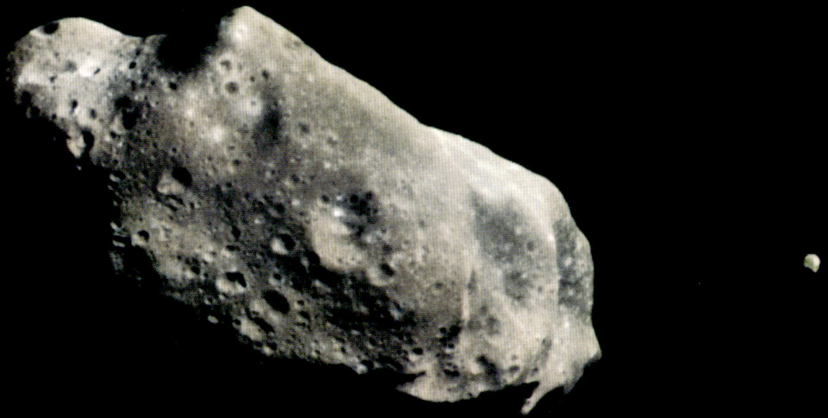

Der Asteroid Ida *(links)* aus verschiedenen Perspektiven und Entfernungen in Falschfarben. Die links unten gezeigte Aufnahme von Ida sorgte für eine Überraschung in der Wissenschaft: Auf dem Foto entdeckte man, dass dieser kleine Asteroid von einem eigenen Mond – in Form eines 1,5 Kilometer großen Felsbrockens – umkreist wird.

Asteroiden verdienen unsere Aufmerksamkeit, weil sie eine potentielle Gefahr für die Erde darstellen – auch wenn sie nur extrem selten unsere Bahn kreuzen.

Unten: Zwei Krater in Kanada, die durch den Einschlag eines Asteroidenpaares entstanden sind

Rendezvous mit schmutzigen Schneebällen

Alle 75 bis 77 Jahre rast der Halleysche Komet auf seiner exzentrischen Bahn aus den Tiefen des Alls ins Innere des Sonnensystems. 1986 war es wieder so weit: Am Nachthimmel sorgte der Komet mit seinem leuchtenden Schweif für einen spektakulären Anblick *(links)*. Der wissenschaftlichen Welt bot sich darüber hinaus die seltene Gelegenheit, den aus Eis und Mineralien bestehenden »schmutzigen Schneeball« genauer zu untersuchen. Die Europäische Weltraumorganisation ESA hatte daher schon Monate zuvor die Sonde Giotto ins All geschossen. Im März 1986 näherte sich Giotto dem Kometen bis auf 600 Kilometer und funkte Daten und Bilder (wie das Foto rechts) zur Erde. Zum ersten Mal sah man den eigentlichen Kern eines Kometen.

Vor einiger Zeit haben die USA und Europa erneut Raumsonden auf Kometenjagd geschickt. Während die NASA-Sonde Deep Impact ein großes Projektil auf einen Kometenkern schoss und die Auswurfmassen chemisch analysierte, soll die ESA-Sonde Rosetta sogar eine kleine Forschungsstation auf der Oberfläche eines Kometen absetzen. Von den Ergebnissen dieser einzigartigen Missionen erwartet man Aufschlüsse über unsere kosmische Herkunft. Denn die Urmaterie, aus der sich einst alle Himmelskörper des Sonnensystems einschließlich der Erde gebildet haben, ist in Kometen nahezu unverändert konserviert. Die Untersuchung des Kometeninneren führt uns daher in die Geburtsstunde unserer eigenen Welt – eine fantastische Reise zurück zu den Anfängen, als unser Planet aus einer kosmischen Staubwolke hervorging.

Der Gasriese als verhinderte Sonne

Das Foto links zeigt Jupiter, aufgenommen von der Doppelsonde Cassini/Huygens – einem Gemeinschaftsprojekt von NASA, ESA und der italienischen Raumfahrtagentur ASI – beim Vorbeiflug in Richtung Saturn. Der Riesenplanet weist eine turbulente Atmosphäre auf, die mehrere Bänder von Wolkenwirbeln durchziehen. Links von Jupiter ist Io, einer der sogenannten Inneren Monde, zu sehen.

Jupiter ist der Gigant unter den Planeten des Sonnensystems. Seine Masse ist doppelt so groß wie die aller anderen acht Planeten zusammen, und selbst 300 Erden würden ihn nicht aufwiegen – und das, obwohl er ein Gasplanet ist, also keine feste Oberfläche hat. Die Gasmassen werden lediglich zum Inneren hin immer dichter. Jupiter besteht – ähnlich der Sonne – zum Großteil aus Wasserstoff und Helium. Obschon er damit über den nuklearen Brennstoff verfügt, der Sterne zum Leuchten bringt, besitzt er nicht die kritische Masse, die zum Auslösen einer atomaren Kettenreaktion nötig wäre. So ist aus Jupiter zwar keine Sonne geworden, doch mit seinen rund 40 Monden stellt der Planet quasi ein »Sonnensystem« im Miniaturformat dar. Auf der Aufnahme rechts ist zu erkennen, wie Io seinen Schatten auf den Riesenplaneten wirft.

Ein seit 300 Jahren tobender Wirbelsturm

Das Bild auf der nächsten Doppelseite links zeigt den Großen Roten Fleck aus der Sicht der NASA-Sonde Voyager 1. Dieser gewaltige Wirbelsturm – weit größer als die gesamte Erde – ist bereits vor mehr als 300 Jahren erstmals gesichtet worden.

Nächste Doppelseite rechts: Polarlichter am Nordpol des Jupiters – aufgenommen vom Weltraum-Teleskop Hubble, das von der NASA gemeinsam mit der ESA betrieben wird

Augenzeugen einer kosmischen Kollision

Als am 18. Juli 1994 die Bruchstücke des Kometen Shoemaker-Levy auf Jupiter zurasten, richteten Wissenschaftler in aller Welt ihre Teleskope auf den Schauplatz dieses spektakulären Ereignisses, um Augenzeugen der kosmischen Kollision zu werden. Einschläge dieser Art müssen alle Planeten und Monde des Sonnensystems von Beginn an immer wieder erlebt haben – nun konnte man erstmals einen solchen Vorgang live beobachten. Und die wissenschaftliche Welt wurde nicht enttäuscht. Das Hubble-Teleskop lieferte beispielsweise die links abgebildete Ultraviolettaufnahme, die deutlich die Spuren der Einschläge zeigt (im Bild unten). In der oberen Bildhälfte ist einmal mehr der Jupitermond Io zu sehen.

Unten: Die Bruchstücke des Kometen rasen auf Jupiter zu. Schon vor dem Aufprall ist der Komet durch die starke Anziehungskraft des Riesenplaneten auseinander gebrochen.

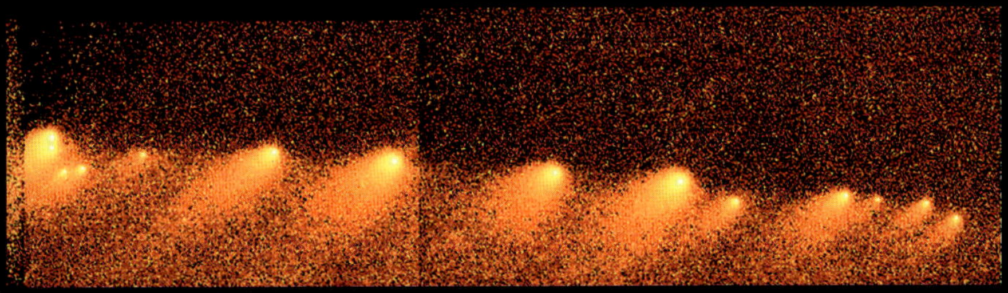

Vulkanmond Io und Eismond Europa

Die Abbildungen auf der nächsten Doppelseite zeigen den Vulkanmond Io *(links)* und den Eismond Europa *(rechts)*. Beide Bilder wurden von einer deutsch-amerikanischen Sonde übermittelt, die die Jupitermonde mehrere Jahre lang beobachtete. Auf Europas eisiger Oberfläche sind dunkle Flecke zu erkennen, die nicht zufällig an eine langsam schmelzende Eisoberfläche erinnern. Wissenschaftler vermuten, dass sich unter der gefrorenen Kruste ein Ozean aus flüssigem Wasser befindet, der möglicherweise sogar einfache Lebensformen beherbergt.

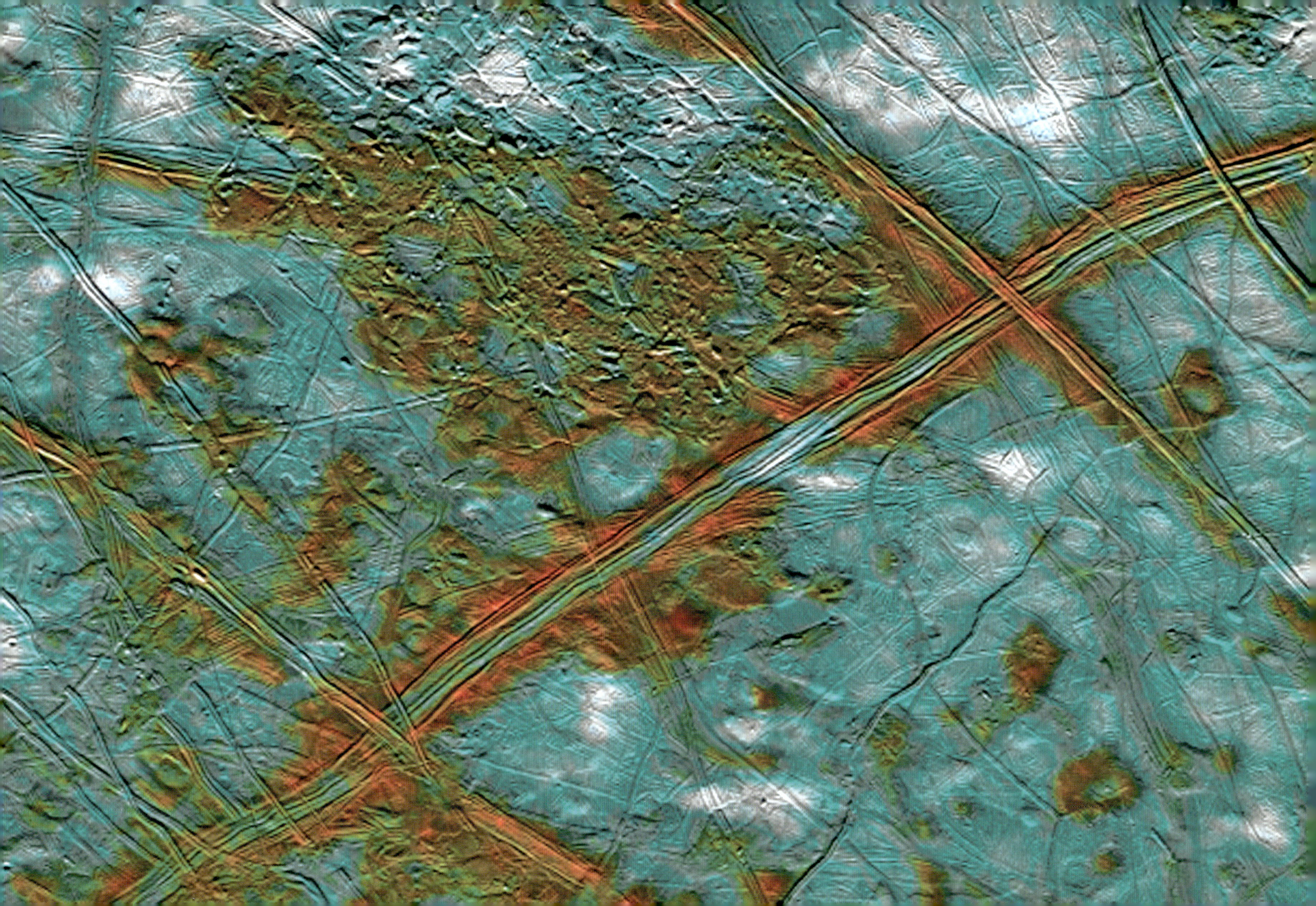

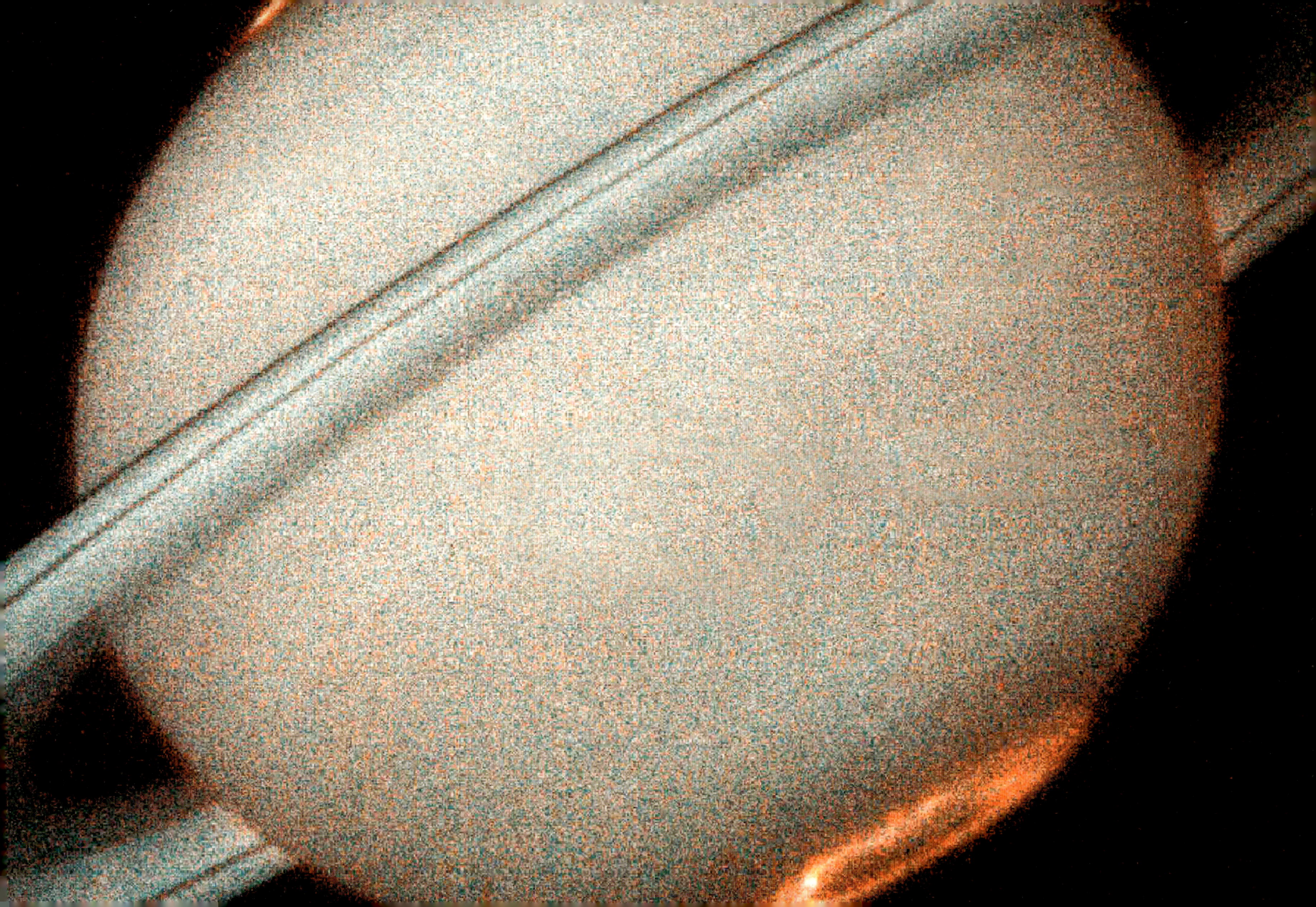

Seine Majestät, der Herr der Ringe

Er ist der wohl schönste unter allen Planeten: Saturn, der »Herr der Ringe«. Über eine Milliarde Kilometer von der Erde entfernt umkreist er die Sonne, begleitet von zahlreichen Monden. Zwar sind auch die anderen großen Planeten im äußeren Sonnensystem von einem zarten Band aus Ringen umgeben, doch mit der majestätischen Erscheinung von Saturn kann es keiner aufnehmen. Auch wissenschaftlich ist das Saturnsystem – vor allem der Mond Titan – von besonderem Interesse. Der zweitgrößte Mond des gesamten Sonnensystems, der sogar die Planeten Pluto und Merkur an Größe übertrifft, wird als einziger Mond überhaupt von einer dichten Atmosphäre eingehüllt. Daher wählten Wissenschaftler aus den USA und Europa den Ringplaneten Saturn und seine Monde, insbesondere Titan, als Ziel für eine der anspruchsvollsten Raumfahrtmissionen aller Zeiten und schickten die Doppelsonde Cassini/Huygens auf den Weg quer durch das halbe Sonnensystem.

Links: Saturn mit Polarlichtern

Rechts: Die Doppelsonde Cassini/Huygens – ein Projekt von NASA, ESA und der italienischen Raumfahrtagentur ASI (künstlerische Darstellung)

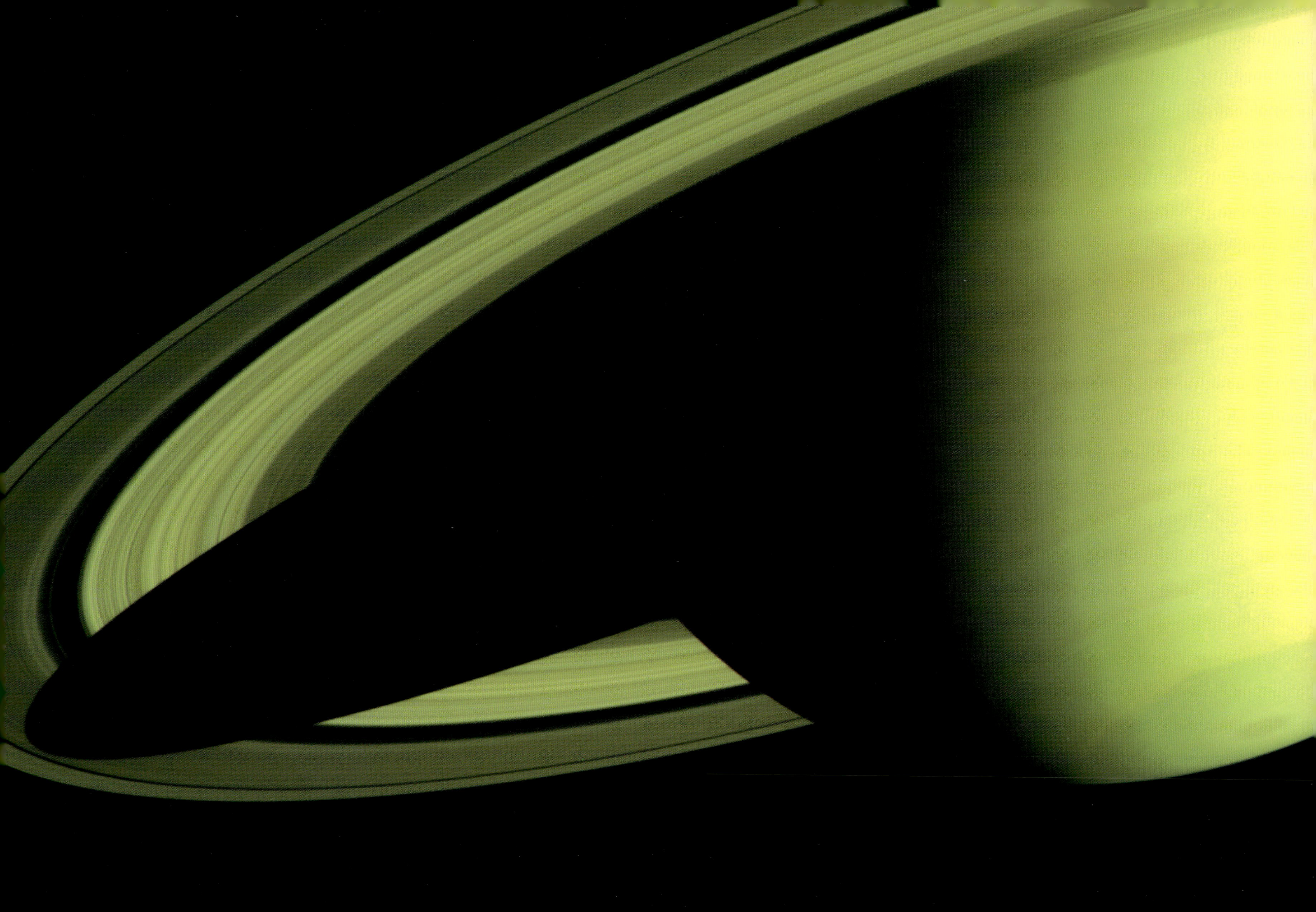

Schnappschüsse im Vorbeiflug

Sieben Jahre lang hatte die amerikanische Muttersonde Cassini die kleinere europäische Sonde Huygens im Huckepack-Verfahren in Richtung Saturn transportiert. Dort angekommen, übermittelte Cassini die ersten Bilder vom Gasplaneten, seinen Ringen und Monden. Auf dem Weg zu Titan flog das Sonden-Duo an mehreren anderen Saturnmonden vorbei.

Links: Saturn

Rechts: Der Mond Phoebe, aufgenommen von der Sonde Cassini/Huygens. Das Bild entstand aus einer Entfernung von 13 000 Kilometern. Noch rätseln die Wissenschaftler über die genaue Zusammensetzung des kleinen Himmelskörpers, der offenbar weit mehr chemische Elemente in sich trägt als bislang angenommen. Die Oberfläche scheint aus Wassereis zu bestehen, das mit verschiedenen Mineralien vermischt ist, wie sie auf der Erde in Ton und Lehm vorkommen. All dies deutet darauf hin, dass Phoebe nicht gleichzeitig mit Saturn entstanden ist, sondern viel weiter draußen am Rande des Sonnensystems seine Bahn gezogen hatte und erst später von der Anziehungskraft des Ringplaneten eingefangen wurde.

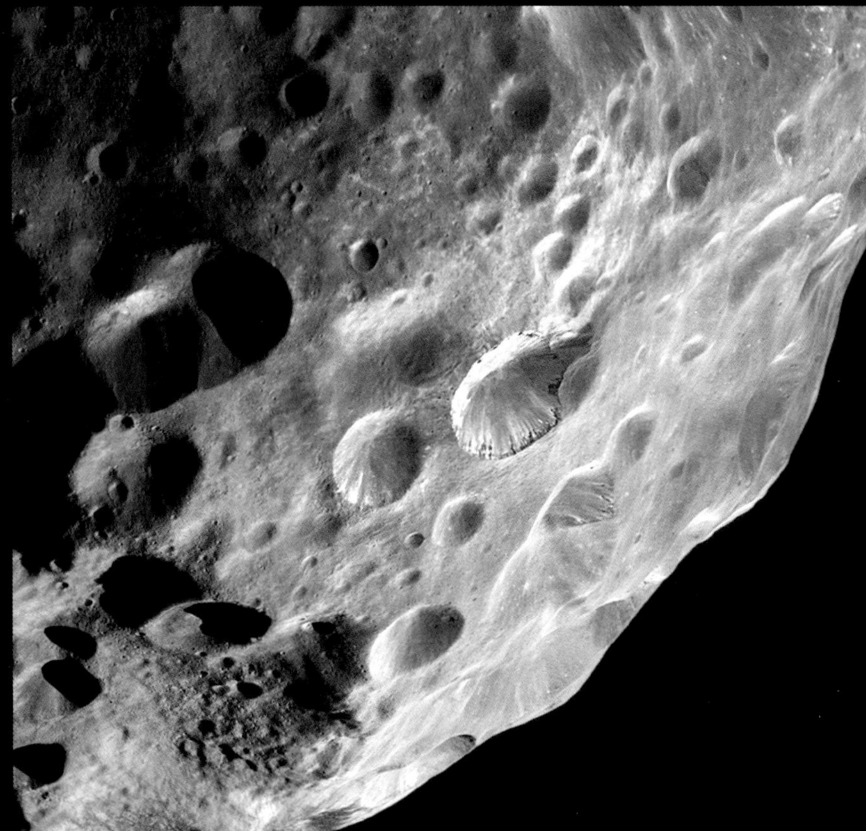

Ringe aus Staub und Eis

Die Ringe des Saturns in Ultraviolettaufnahmen der Cassini-Bordkamera *(links und rechts)*. Die Farbe Türkis deutet auf Eis hin, rötliche Töne auf Gesteinspartikel. Die Bilder entstanden Ende 2004, kurz bevor sich die Wege der beiden Sonden trennten. Denn während Cassini weiter das Saturnsystem untersuchte, wurde der Kurs von Huygens so berechnet, dass die Sonde gezielt auf den Mond Titan zusteuerte, um schließlich in seine Atmosphäre einzutauchen – ein spektakulärer Showdown am Ende einer siebenjährigen Reise durchs All.

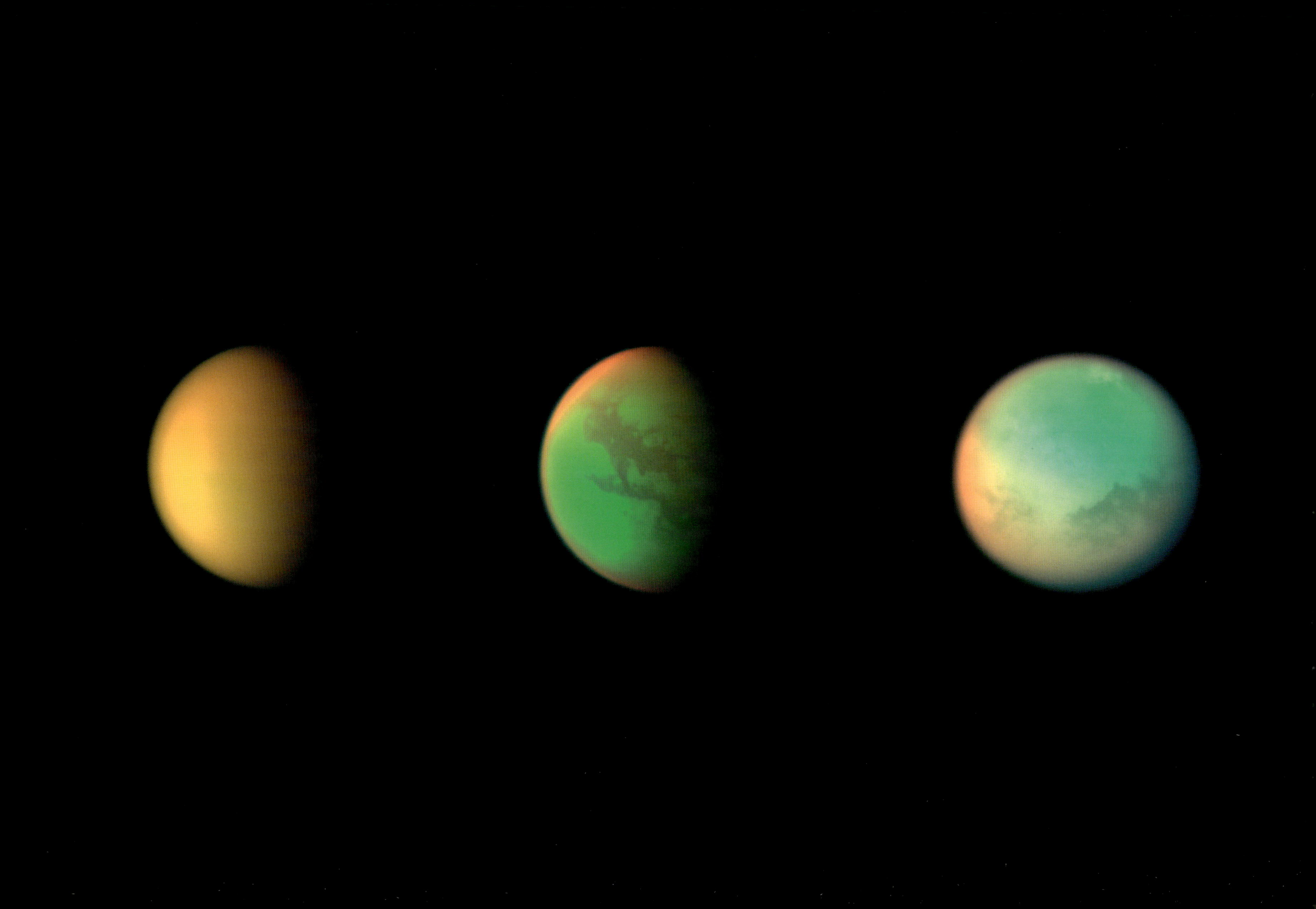

Eine Reise in die Vergangenheit

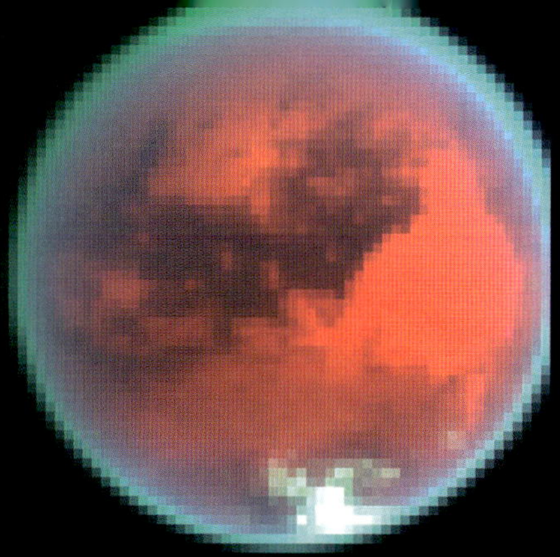

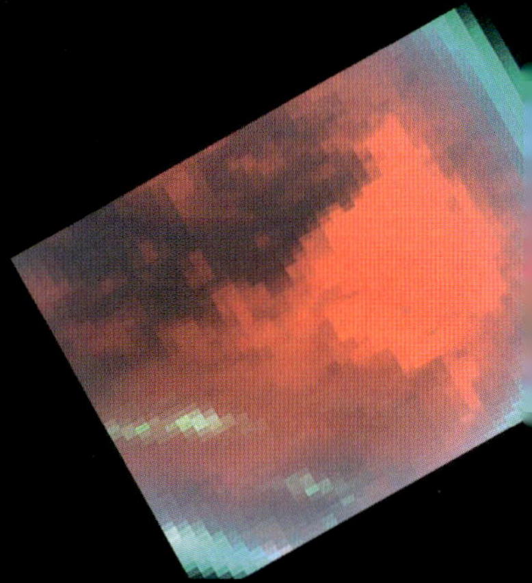

Titan gilt als der rätselhafteste Mond im gesamten Sonnensystem. Warum verfügt er – im Unterschied zu anderen Monden wie etwa dem noch größeren Jupitermond Ganymed – über eine Atmosphäre? Was befindet sich unter der dichten Wolkendecke, die die Oberfläche des Mondes verhüllt? Das Besondere an Titan aber ist, dass seine Atmosphäre in ihrer chemischen Zusammensetzung der Lufthülle der jungen Erde ähnelt, bevor sich auf unserem Planeten Leben entwickeln konnte. An Titan lassen sich daher Fragen wie die nach den Ursprüngen des Lebens studieren. Cassini/Huygens ist somit auch eine Reise in die irdische Vergangenheit – zurück zu den Anfängen und Vorstufen des Lebens.

Links: Mit dem menschlichen Auge würde man Titan so sehen, wie er auf der Aufnahme ganz links dargestellt ist – als eine diffus schimmernde gelbliche Kugel. Moderne Sensoren können jedoch die Atmosphäre durchdringen; so sind auf den Bildern in der Mitte und rechts sogar einzelne Kontinente erkennbar.

Rechts: Die beiden Infrarotbilder beweisen, dass es auf Titan wechselnde Wetterverhältnisse gibt. Die rechte Aufnahme zeigt Wolken, die auf dem einige Tage älteren Foto daneben noch nicht zu sehen waren.

Eine Sternstunde der Raumfahrt

Der 14. Januar 2005 sollte zu einem großen Tag für die Raumfahrt werden. Seit der Trennung von der NASA-Sonde Cassini steuerte die ESA-Forschungskapsel Huygens auf Titan zu. Nun stand der riskanteste Teil der Mission bevor: der Eintritt in die dichte Atmosphäre, wenn möglich sogar gefolgt von einer weichen Landung auf der Oberfläche dieses mysteriösen Mondes.

Doch wie würde die Sonde die Reise in diese völlig unbekannte Welt überstehen? Im Raumfahrt-Kontrollzentrum der ESA in Darmstadt warteten die Experten gebannt auf ein Lebenszeichen von Huygens. Und tatsächlich: Aus einer Milliarde Kilometer Entfernung funkte die Sonde schließlich erste Daten über die chemische Zusammensetzung der Atmosphäre und später sogar Bilder von der Oberfläche des Saturnmondes zur Erde. Huygens hatte die kritische Phase des Eintauchens in die Atmosphäre gemeistert *(siehe künstlerische Darstellung links)* und hatte – durch Fallschirme von über 20 000 auf nur 20 Stundenkilometer gebremst – unbeschadet auf dem Boden aufgesetzt. Es handelte sich um die erste Landung auf einem Himmelskörper des äußeren Sonnensystems überhaupt: ein sensationeller Erfolg für die europäische Raumfahrt ebenso wie für die internationale Zusammenarbeit insbesondere mit dem amerikanischen Partner NASA.

Rechts: Nahaufnahme der Titan-Atmosphäre

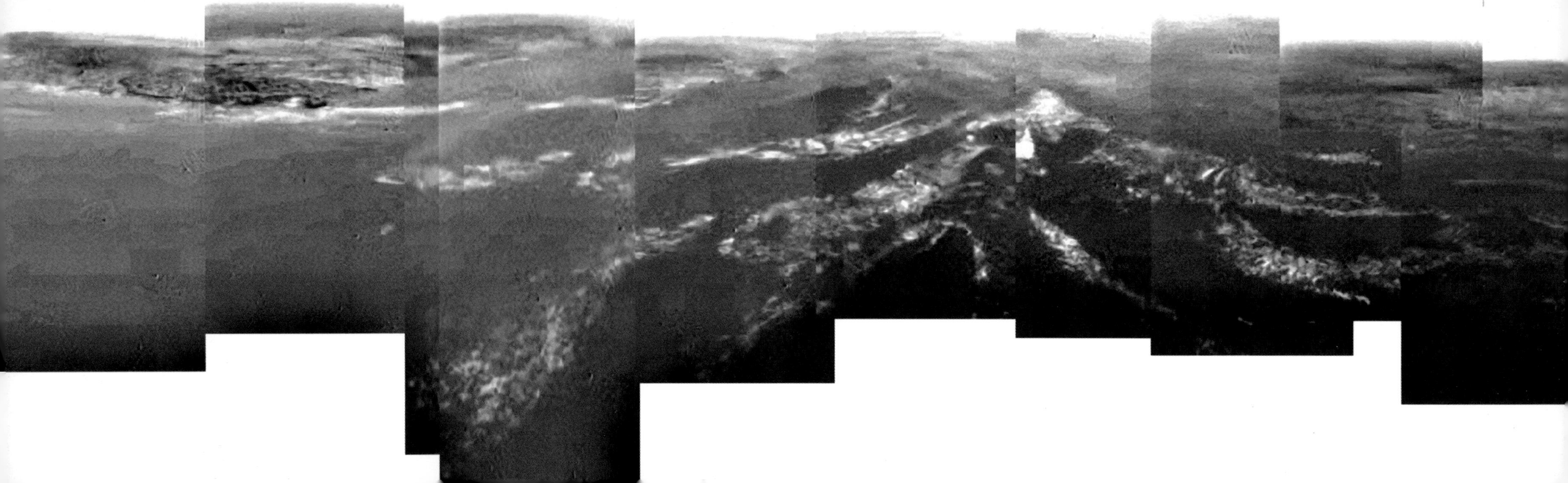

Flüsse aus Methan bei minus 170 Grad

Noch nie hatte man mit irdischen Teleskopen oder mit Raumsonden einen Blick auf die Oberfläche des geheimnisvollen Saturnmondes Titan werfen können. Nun zeigten die Bilder, die Huygens übermittelte, eine bizarre Landschaft: Landmassen und Meere sind auf den Fotos zu erkennen, die die Sonde aus der Luft aufgenommen hat *(links)*. Bei Temperaturen von minus 170 Grad durchströmt flüssiges Methan in Form von Bächen und Flüssen eine zerklüftete Umgebung. Und selbst nach der Landung sendete die europäische Sonde weiter: Auf dem Bild rechts erkennt man Brocken aus offenbar gefrorenen Materialien in einer kargen Ebene. Noch viele Jahre werden die Wissenschaftler die Daten dieser Mission auswerten, die in ihrem Stellenwert vielleicht der ersten Landung einer Sonde auf dem Mars, wenn nicht gar den Flügen der ersten Astronauten zum Mond im Rahmen des Apollo-Programms der NASA vergleichbar ist.

Botschaften für Außerirdische

Wenig erforscht sind die äußeren Planeten Uranus *(links)*, Neptun und der kleine Pluto. Einzig die beiden Voyager-Sonden der NASA sind auf ihrem jahrzehntelangen Flug an den beiden großen Gasplaneten Uranus und Neptun vorbeigezogen. Zu groß sind die Entfernungen von mehreren Milliarden Kilometern zu diesen Planeten, um – wie etwa zum Mars – in regelmäßigen Abständen Sonden dorthin zu schicken. Die Voyager-Sonden waren mehr als zehn Jahre unterwegs, bis sie die beiden Planeten wenigstens aus der Ferne fotografieren konnten. Inzwischen haben sie das Sonnensystem verlassen, funken aber noch immer Signale zur Erde. Für den Fall, dass sie eines fernen Tages von anderen Zivilisationen entdeckt werden sollten, haben sie eine Vielzahl von Informationen und Botschaften mit an Bord: Fotos von der Erde wie Landschaftsaufnahmen oder Röntgenbilder des menschlichen Körpers, aber auch Tonbandaufzeichnungen, etwa von Babygeschrei oder Bach'schen Fugen. Darüber hinaus sind Sätze in zahlreichen Sprachen zu hören. Während einige von ihnen zur Kontaktaufnahme einladen, sind andere zurückhaltender: »Wir sind glücklich, wo wir sind – werdet ihr glücklich, wo ihr seid«, heißt es da …

Flug in die Unendlichkeit

Ein letztes Bild von Neptun und seinem Mond Triton *(nächste Doppelseite)* nahm Voyager 2 zum Abschied auf. Inzwischen haben die beiden Voyager-Sonden auf ihrer unendlichen Reise das Sonnensystem verlassen.

Unten: Neptun, aufgenommen von Voyager 2. Auf dem Planeten toben die heftigsten Stürme im gesamten Sonnensystem mit Windgeschwindigkeiten von mehr als 2000 Stundenkilometern.

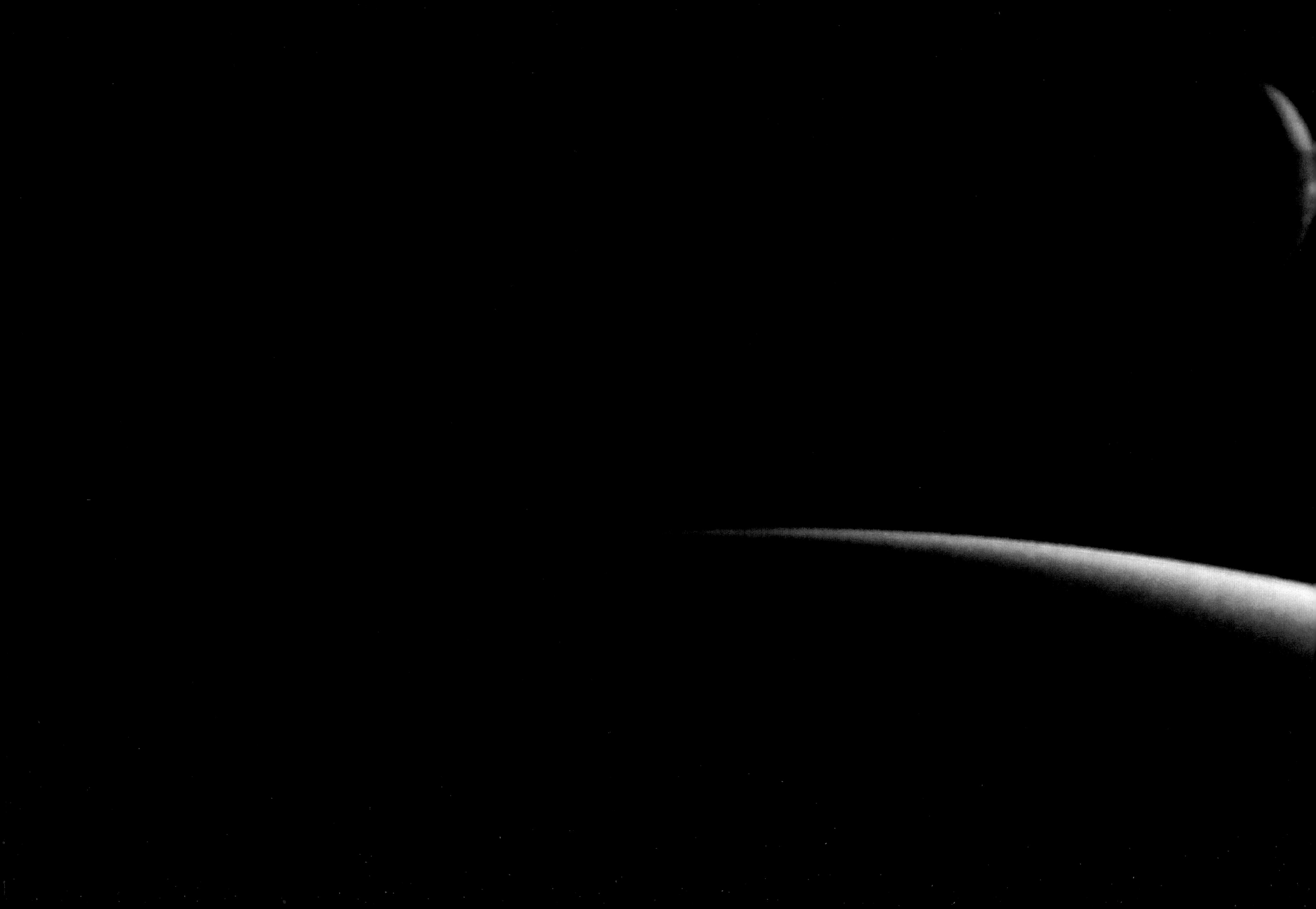

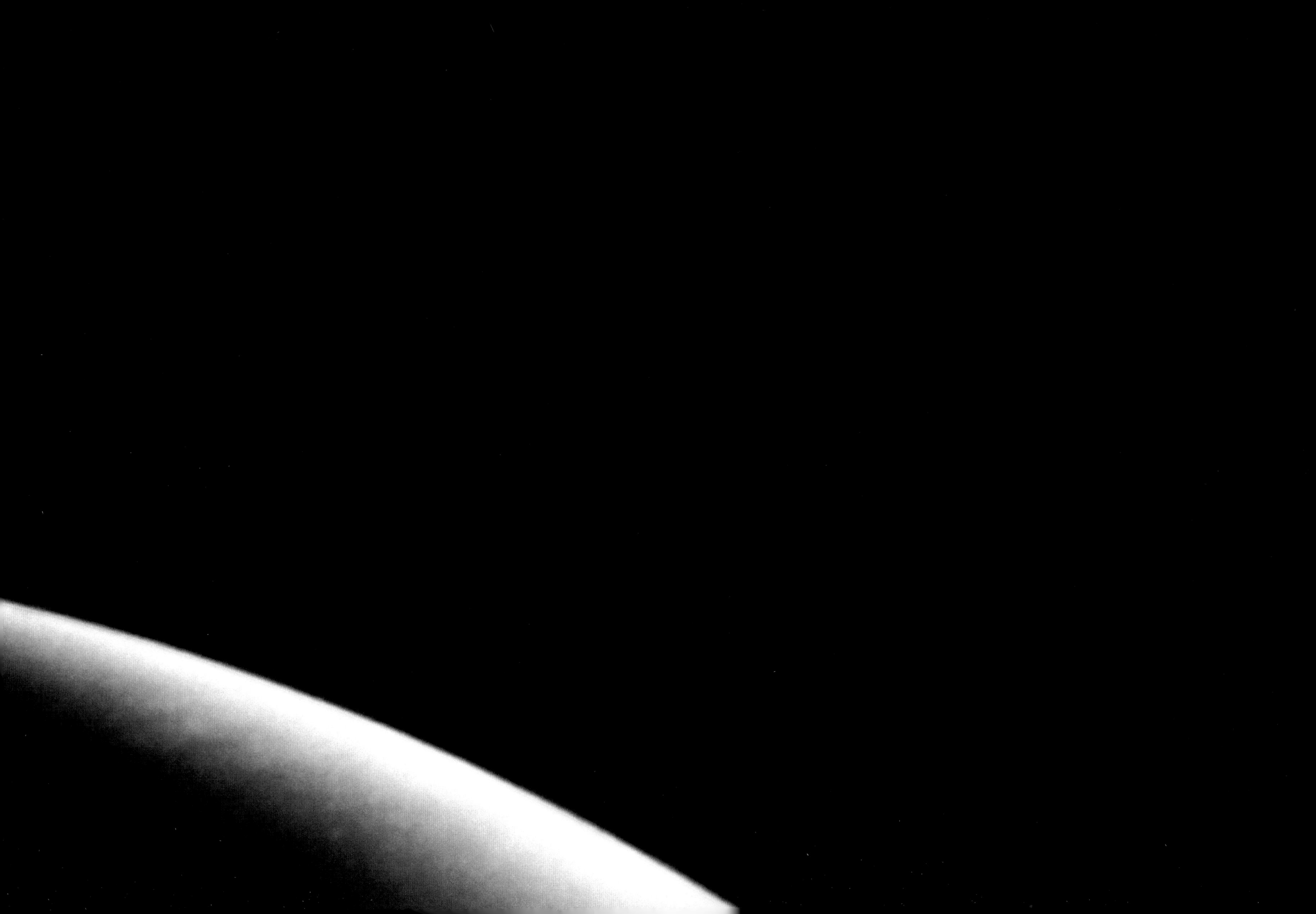

STEREOBILDER VOM ROTEN PLANETEN

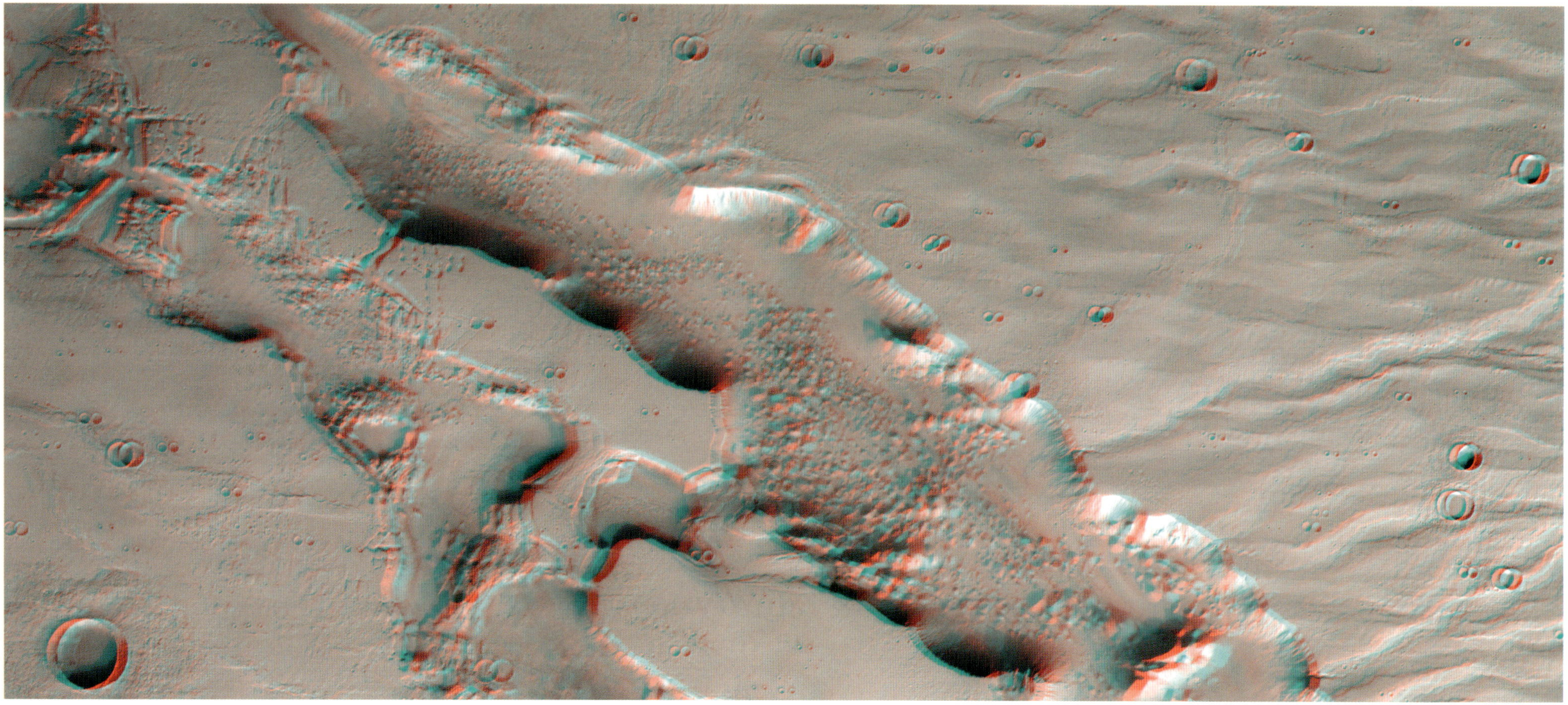

Stereobilder vom Roten Planeten

Die Bilder, die die europäische Sonde Mars Express zur Erde übermittelte, sind schon von ihrer Genauigkeit her einzigartig: Hochauflösend und in Farbe, geben sie Details der Marsoberfläche zu erkennen, die Wissenschaftlern ganz neue Einsichten eröffnen und Rückschlüsse auf die Vergangenheit des Roten Planeten gestatten.

Die Aussagekraft der Aufnahmen wird noch einmal gesteigert, wenn man die Daten zu dreidimensionalen Ansichten verarbeitet. Die 3-D-Bilder machen die Topografie einer spektakulären Landschaft sichtbar: Wo man ebene Hochplateaus zu sehen glaubte, erkennt man welliges Terrain und Gräben. Die Hänge von Vulkanen stürzen in Tiefen ab, wie man dies auf der Erde nicht kennt. So erschließen diese Stereobilder dem Wissenschaftler neue Perspektiven, und auch dem Laien vermitteln sie einen wahrlich plastischen Eindruck von unserem Nachbarplaneten, indem sie es erlauben, mit den Augen über die Oberfläche des Planeten zu »wandern«.

Die diesem Buch beiliegende Stereobrille, die den 3-D-Effekt ermöglicht, muss so gehalten werden, dass sich das rote Fenster vor dem linken Auge befindet.

Links: Die Täler Dao Valles und Niger Valles auf dem Mars sind mehr als 2000 Meter tief.

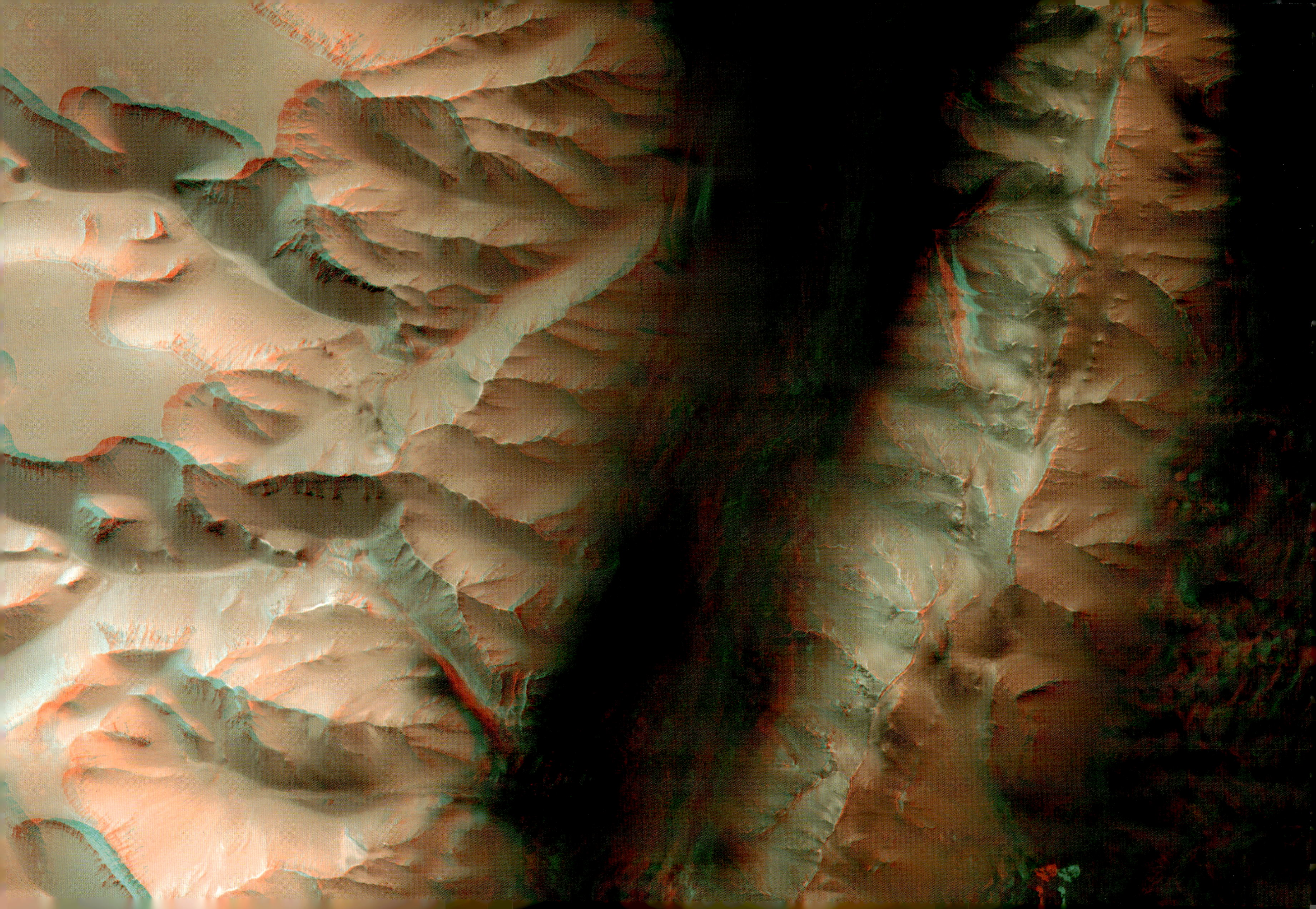

Eine bewegte Vergangenheit

Das Bild links zeigt gewaltige Canyon-Systeme, die offenbar von Wasser und Wind geformt wurden. Auf der nächsten Doppelseite sind durch Meteoriten verursachte Einschlagkrater zu sehen. Stereoaufnahmen wie diese bezeugen die bewegte Vergangenheit des Mars. So ist beispielsweise der Zentralberg in der Mitte des nachfolgend gezeigten Kraters durch die Wucht des Einschlags entstanden. Dieser hat die Gesteinsmassen zunächst stark komprimiert und dann »zurückfedern« lassen. Der Kraterrand selbst setzt sich aus dem Auswurfmaterial zusammen, das der Meteorit beim Aufprall in die Umgebung geschleudert hat.

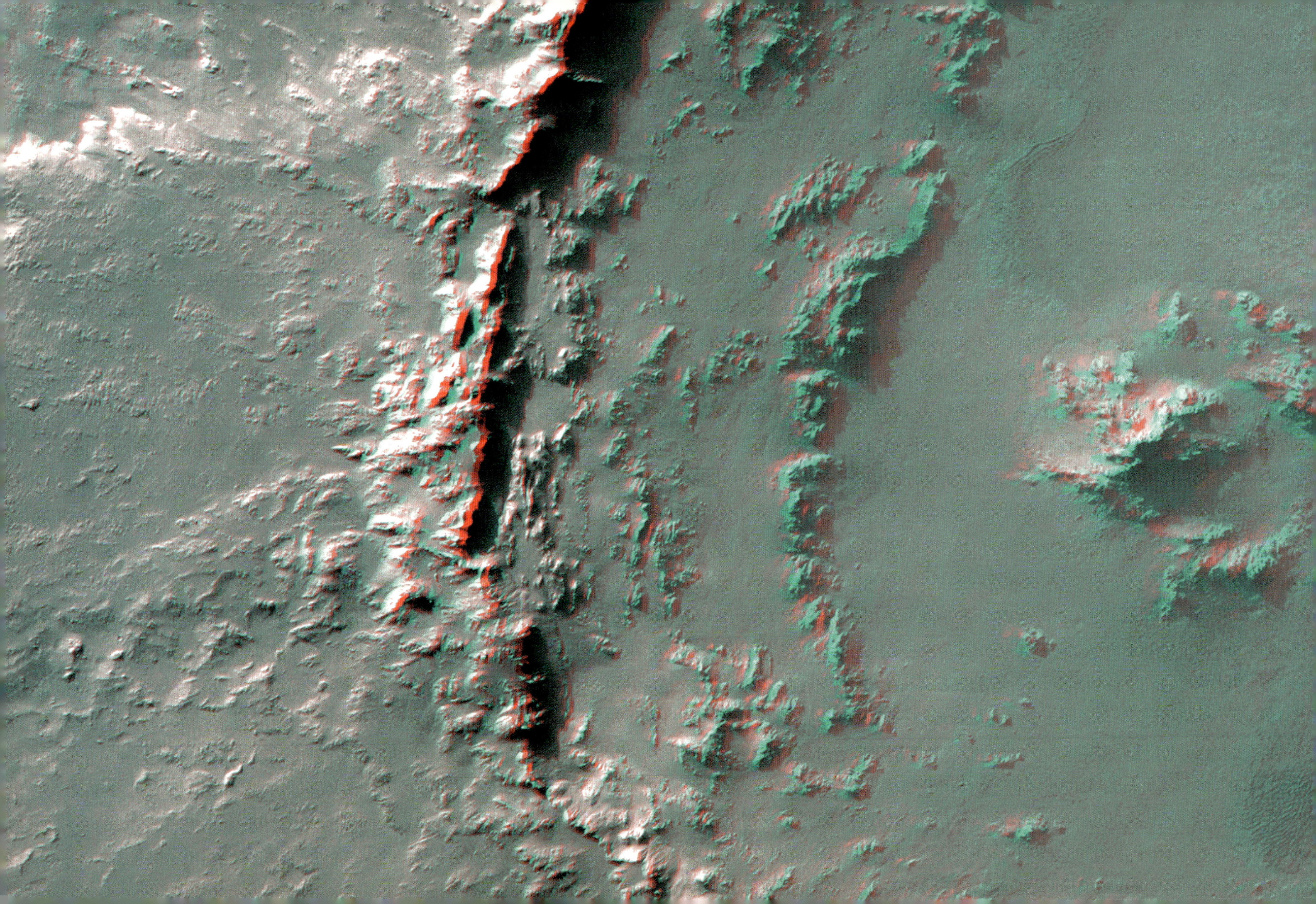

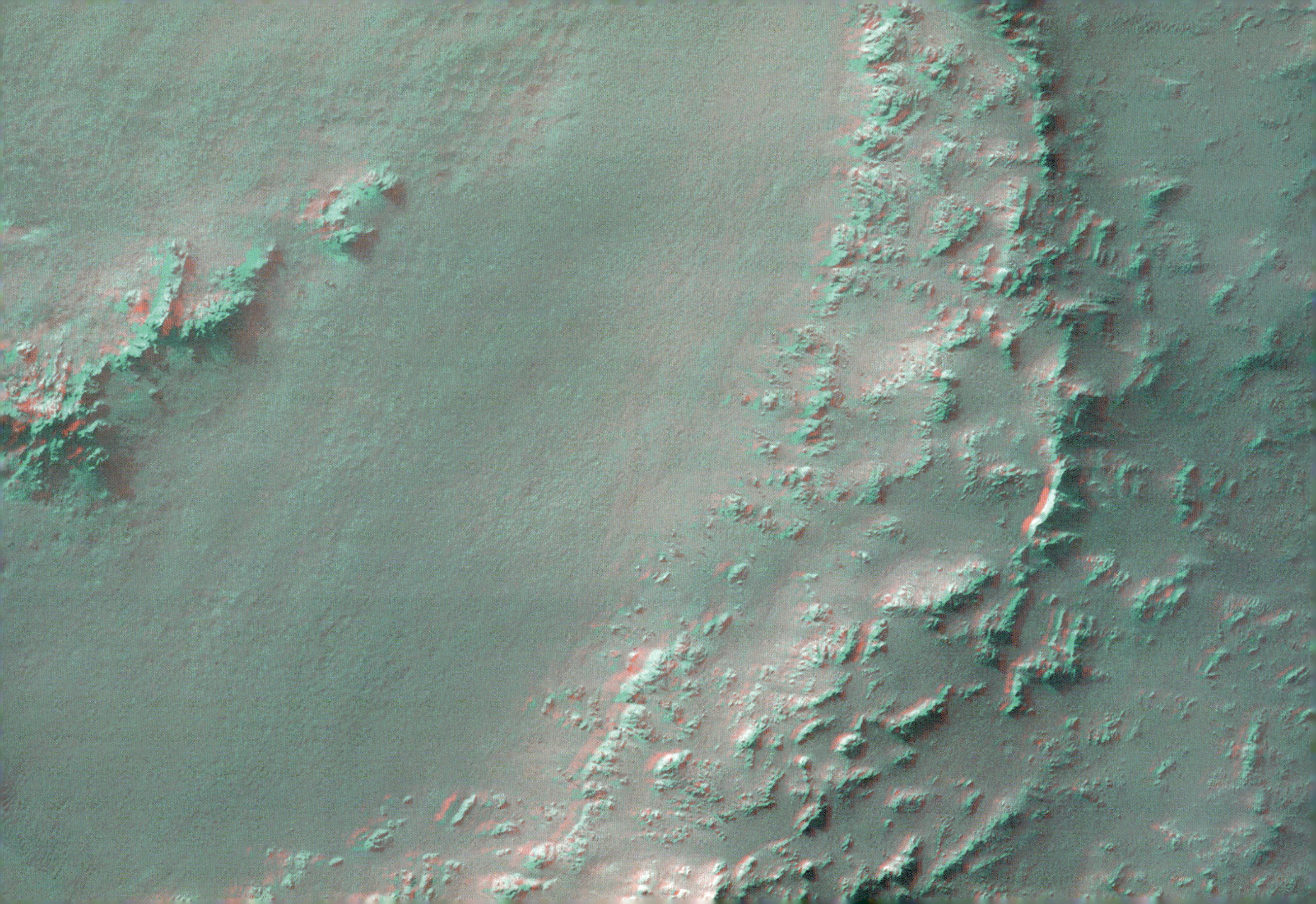

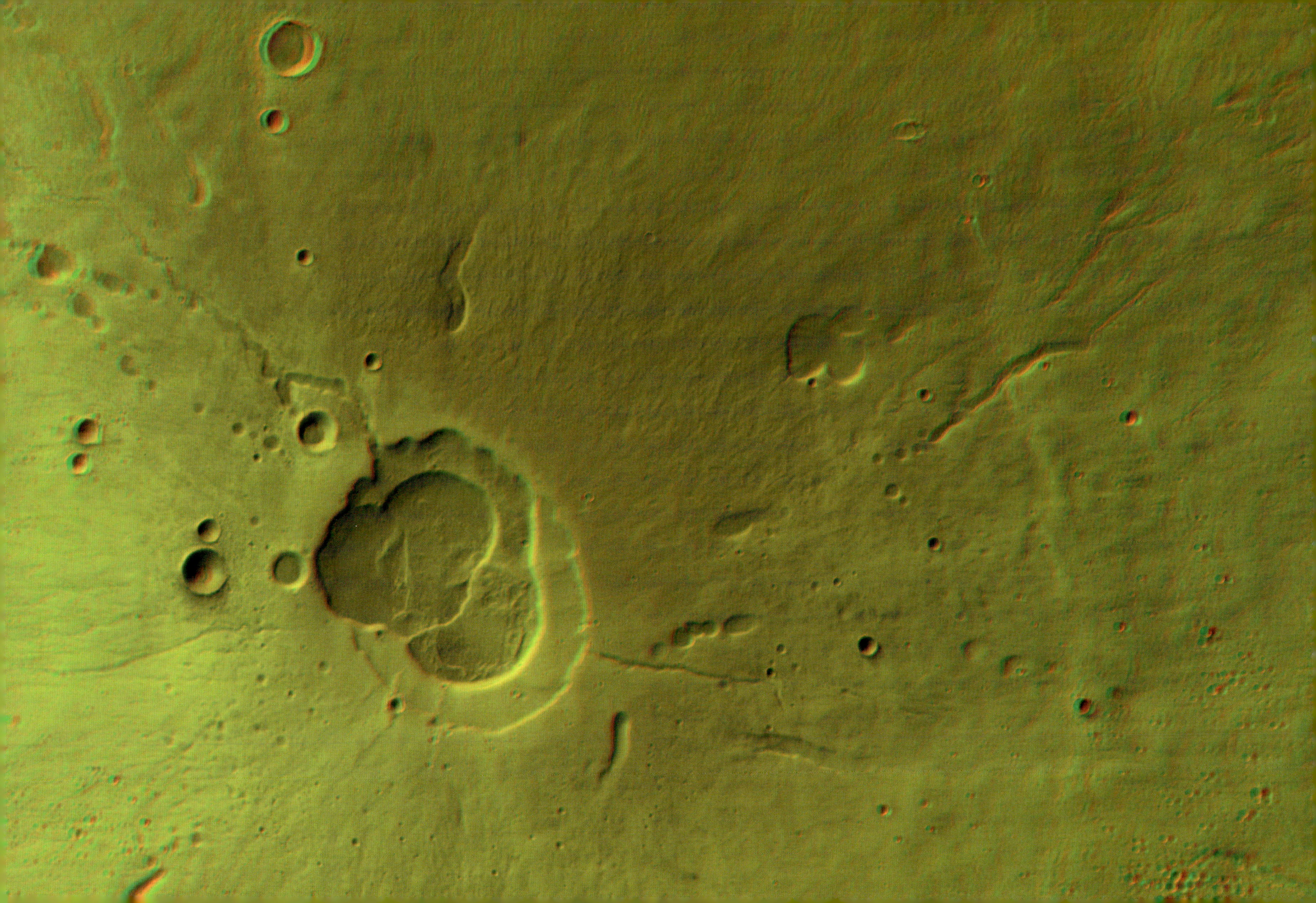

Krater-Terrassen wie Baumringe

Die Kaldera – also der trichterförmige Krater – des Vulkans Hecates Tholus *(links)*. Die Terrassen, die insgesamt 600 Meter tief reichen, deuten darauf hin, dass der Kraterrand mehrfach eingestürzt ist. Untersucht man diese Krater-Terrassen, erfährt man einiges über die Geschichte des Roten Planeten – wie die Ringe eines Baumes dessen Alter und Vergangenheit verraten.

Chaotische Landschaften

Das auf der nächsten Doppelseite links abgebildete Gebiet trägt den bezeichnenden Namen Aureum Chaos. Das Hochland ist hier stark zerklüftet. Bizarr ragen die von Erosion freigelegten Berge in die Höhe.

Nächste Doppelseite rechts: Kantenabbrüche, Hangrutschungen und tektonische Gräben kennzeichnen die Region Tithonium Chasma.

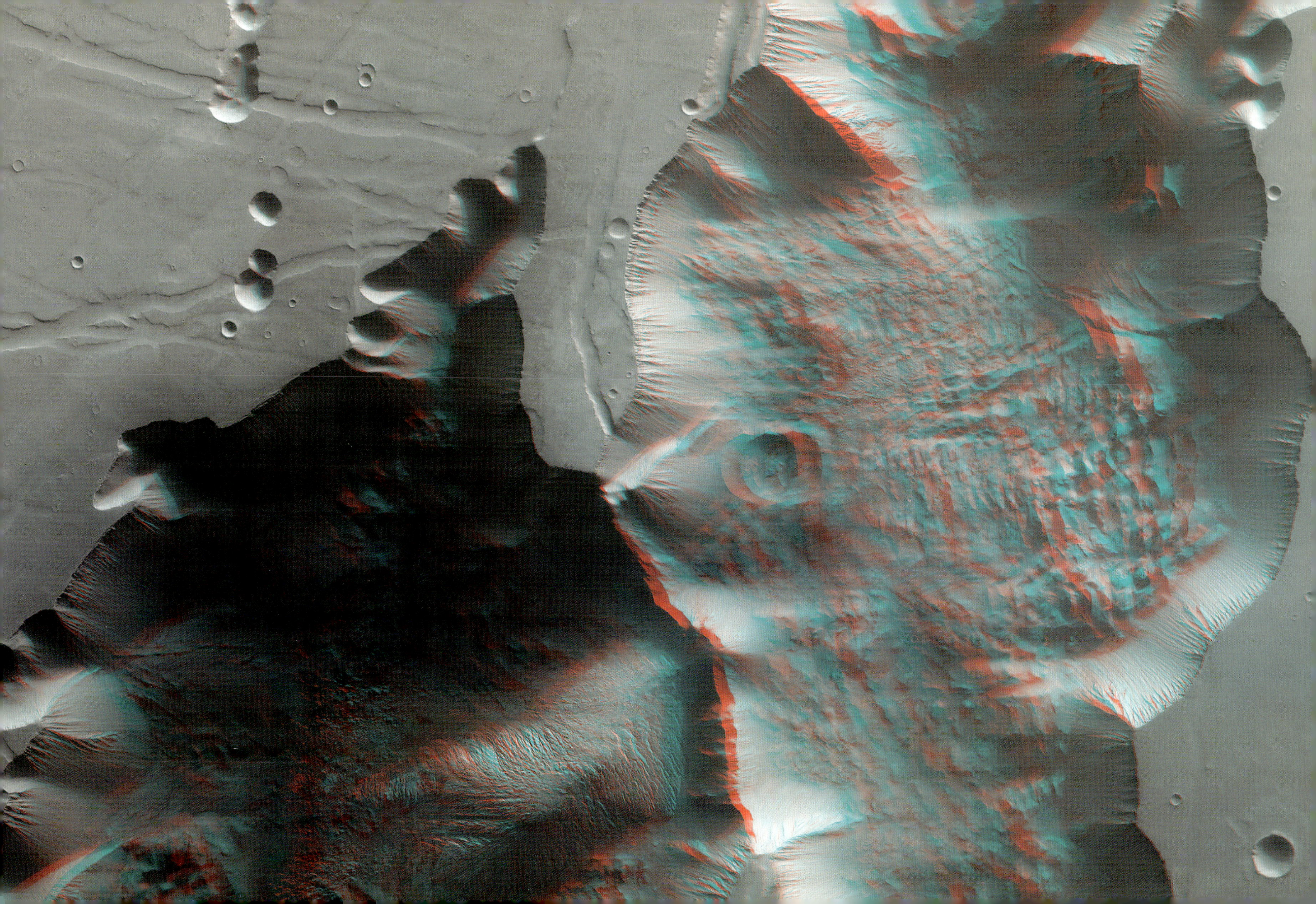

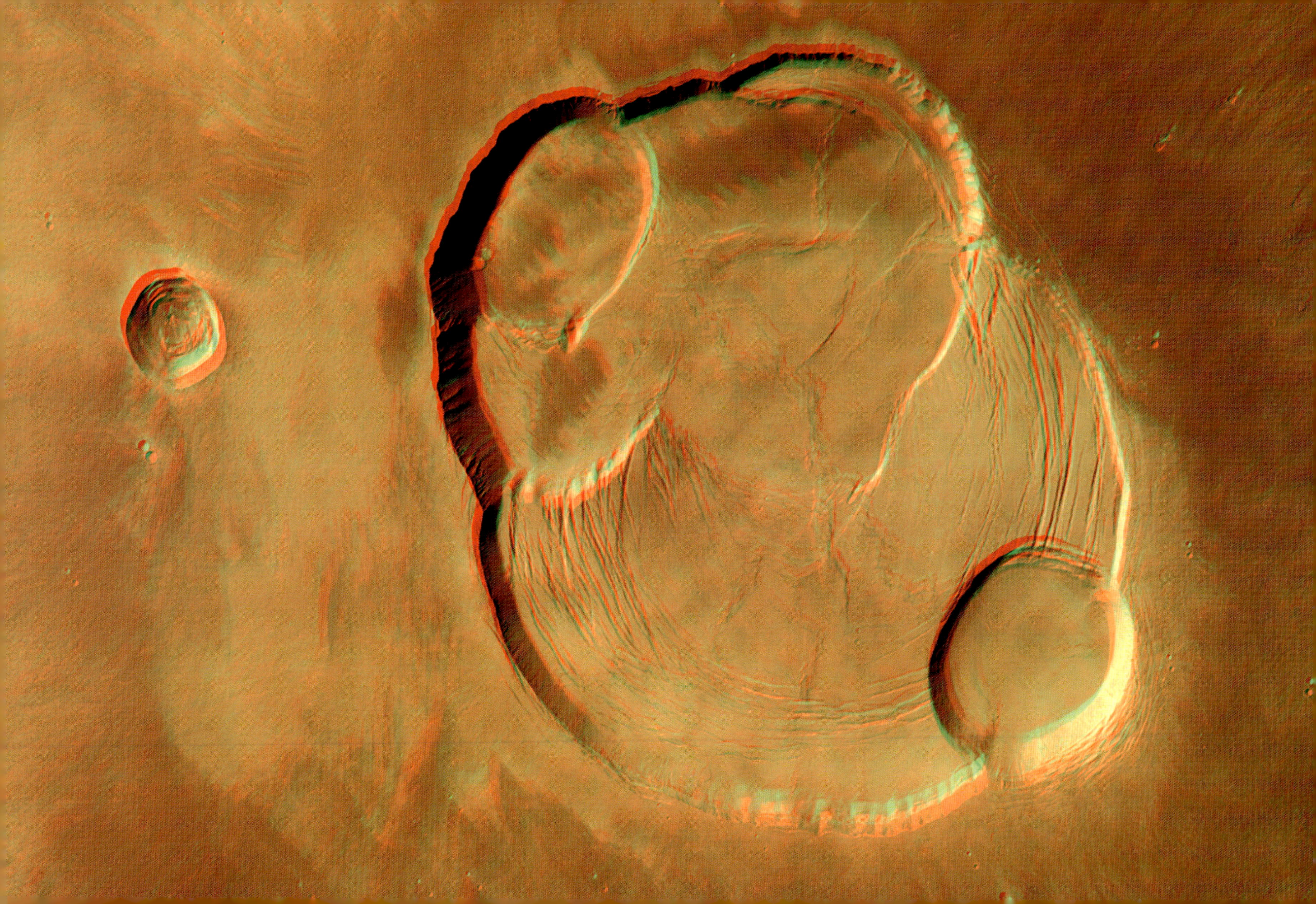

Der erloschene Riese

Ein Blick in den Kraterkessel des Olympus Mons *(links)*. Dieser Vulkan ist längst erloschen. Doch Mars Express hat zur Überraschung der Wissenschaftler gezeigt, dass es an anderer Stelle möglicherweise nach wie vor vulkanische Aktivität auf dem Mars gibt.

Nächste Doppelseite links: Die westliche Flanke des Olympus Mons, des mächtigsten Vulkans im gesamten Sonnensystem. Die hier gezeigten Steilhänge ragen über 7000 Meter aus der Ebene empor, insgesamt ist der Vulkan mehr als 20 Kilometer hoch.

Nächste Doppelseite rechts: Bei diesen eigenartigen Vertiefungen handelt es sich um eingestürzte Lavakanäle am Rande eines anderen Vulkans.

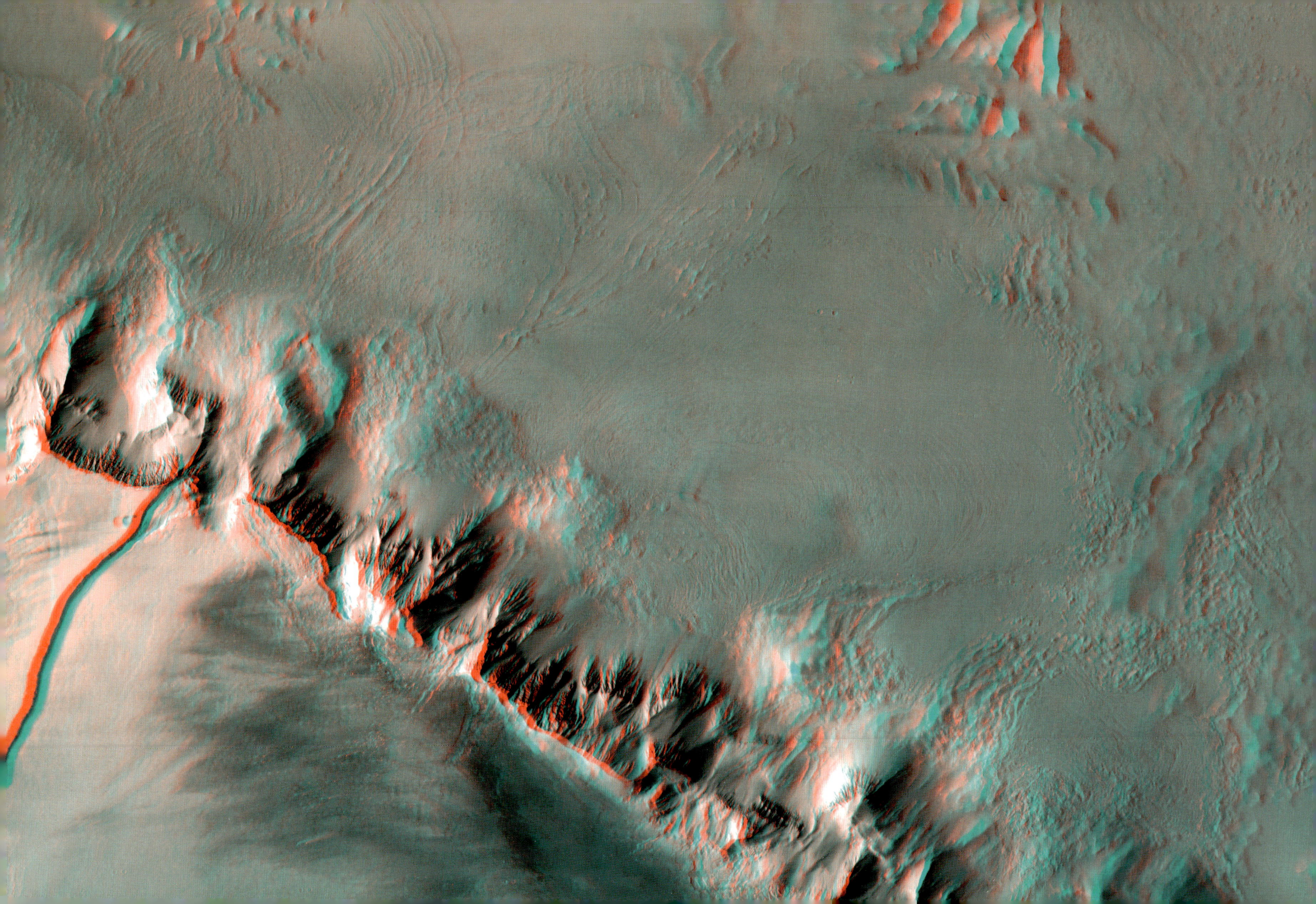

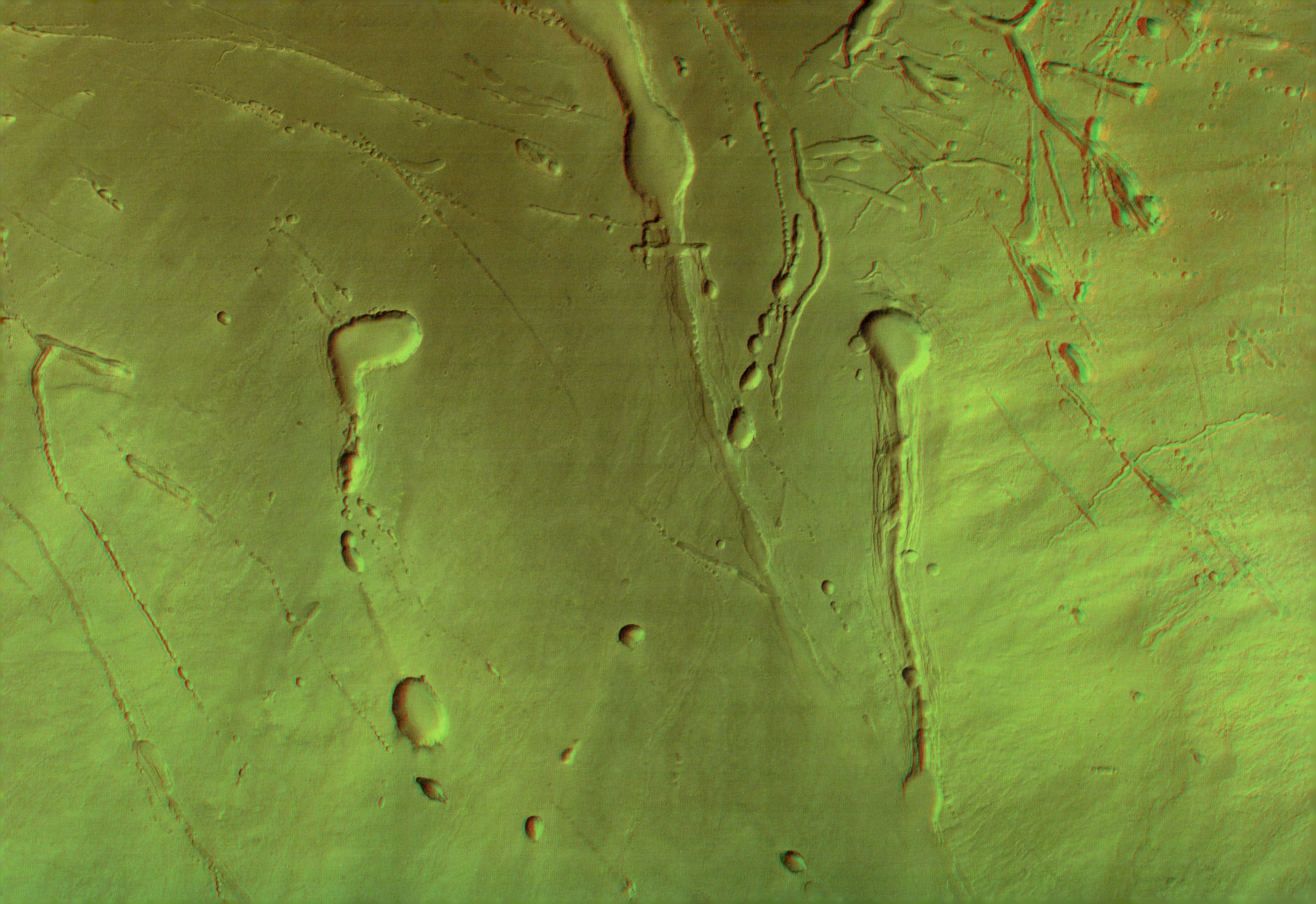

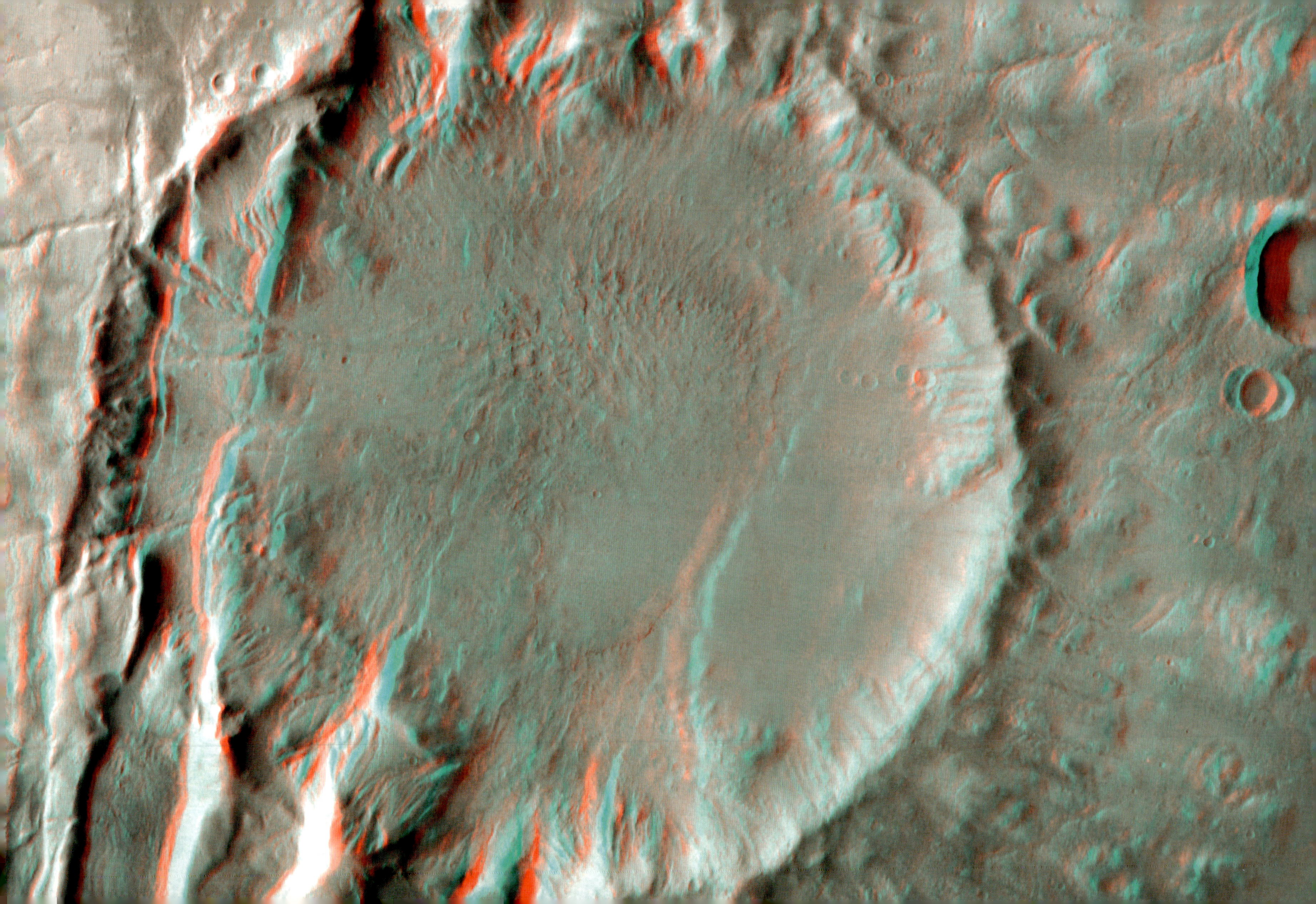

Tektonik auf dem Mars

Rillenartige Strukturen, die auf Bewegungen in der Marskruste zurückzuführen sind, ziehen sich durch diesen Krater *(links)*.

Nächste Doppelseite links: Die sechs Kilometer tiefen Klippen von Candor Chasma. Noch weiß man nicht genau, wie sich diese gewaltigen geologischen Strukturen auf dem Mars gebildet haben. Eine mögliche Erklärung ist, dass Dehnungsspannungen die Marskruste haben auseinander brechen lassen und der Talboden sich abgesenkt hat.

Nächste Doppelseite rechts: Die Region Claritas Fossae, eine Landschaft, die durch tektonische Bewegungen geformt wurde.

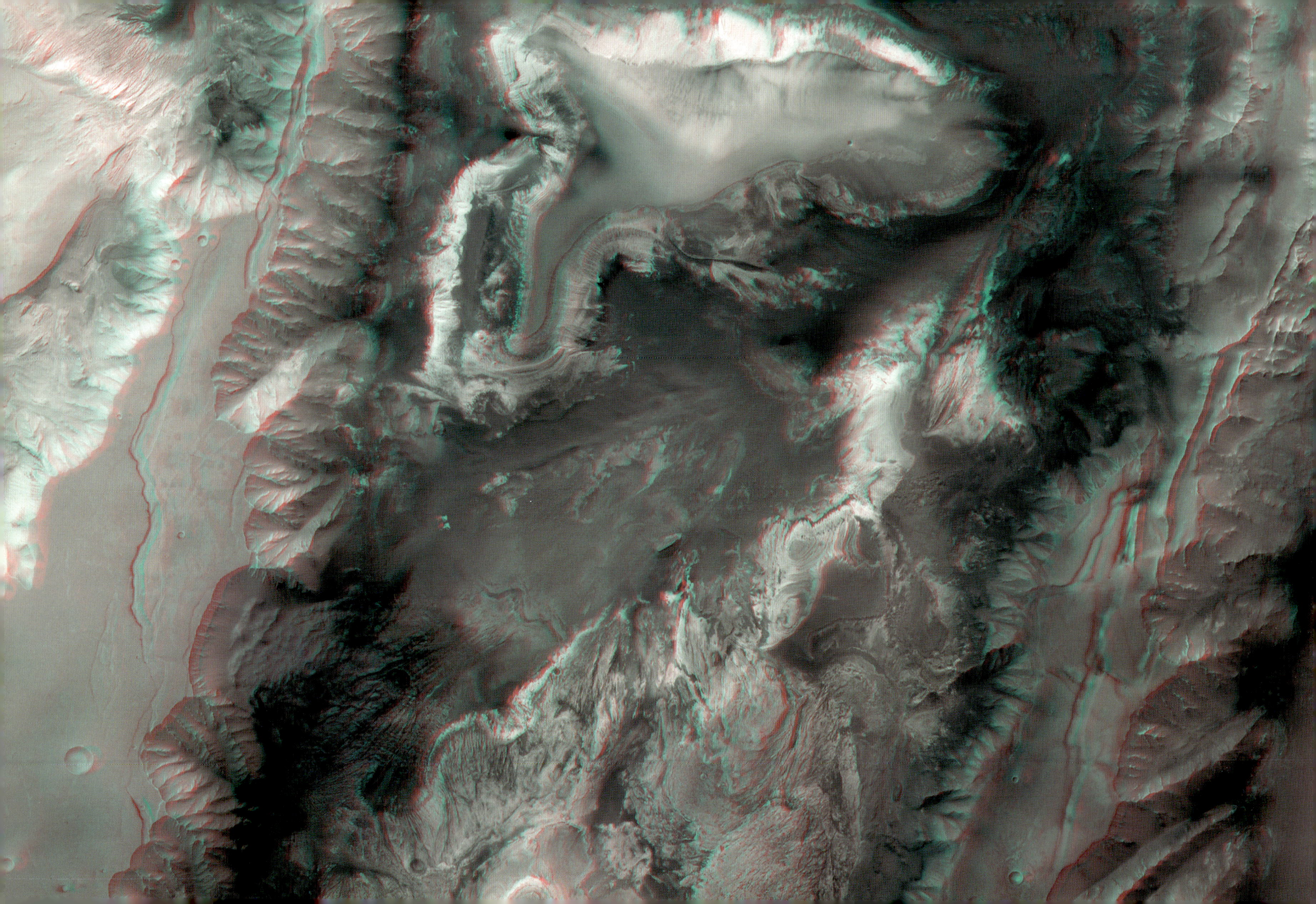

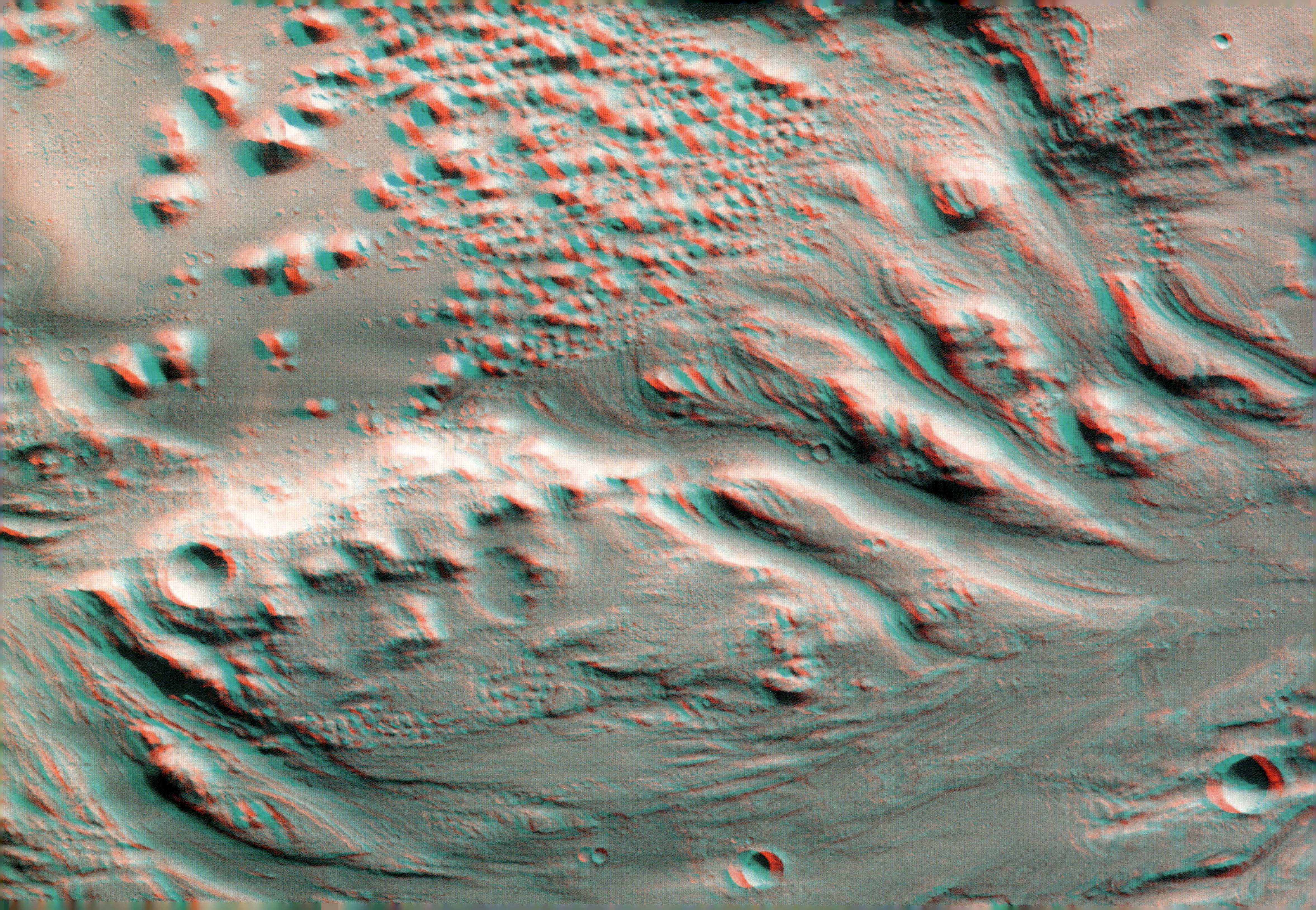

Wundersame Marskanäle

Das Bild links zeigt das Tal Ares. Man sieht hier deutlich Abflusskanäle, durch die einst gewaltige Wassermassen geflossen sein müssen. Wasser und Kanäle – diese Begriffe haben schon vor über hundert Jahren die Fantasie beflügelt und Spekulationen über Leben auf dem Mars ausgelöst. 1877 glaubte der italienische Astronom Giovanni Schiaparelli, »canali« auf dem Mars entdeckt zu haben. Die missverständliche Formulierung war Ausgangspunkt für Legenden von intelligenten Zivilisationen auf dem Mars, denen man zutraute, Bewässerungssysteme angelegt zu haben, die den ganzen Planeten umspannten. Die Vorstellung, dass Außerirdische den Mars bevölkern, hielt sich noch weit bis in das 20. Jahrhundert hinein. 1938 sorgte der amerikanische Schauspieler und Regisseur Orson Welles für Aufregung, als seine Vertonung des von H. G. Wells 1898 verfassten Romans *Krieg der Welten* im Radio ausgestrahlt wurde. Darin erobern Marsbewohner die Erde – was die Zuhörer für so glaubhaft hielten, dass es in den Straßen nordamerikanischer Städte zu einiger Unruhe kam. Heute haben wir ein realistischeres Bild vom Mars, doch die Frage nach der Existenz von Leben – wenn auch nur in primitiver Form – sorgt nach wie vor für Aufregung, und dies nicht nur bei Wissenschaftlern. Noch ist das große Rätsel nicht gelöst ...

Spuren von Wasser

Die spektakuläre Landschaft nahe dem Marsäquator, die auf der nächsten Doppelseite zu sehen ist, zeigt deutliche Spuren von Erosion durch fließendes Wasser, das es einst auf dem Mars gegeben haben muss.

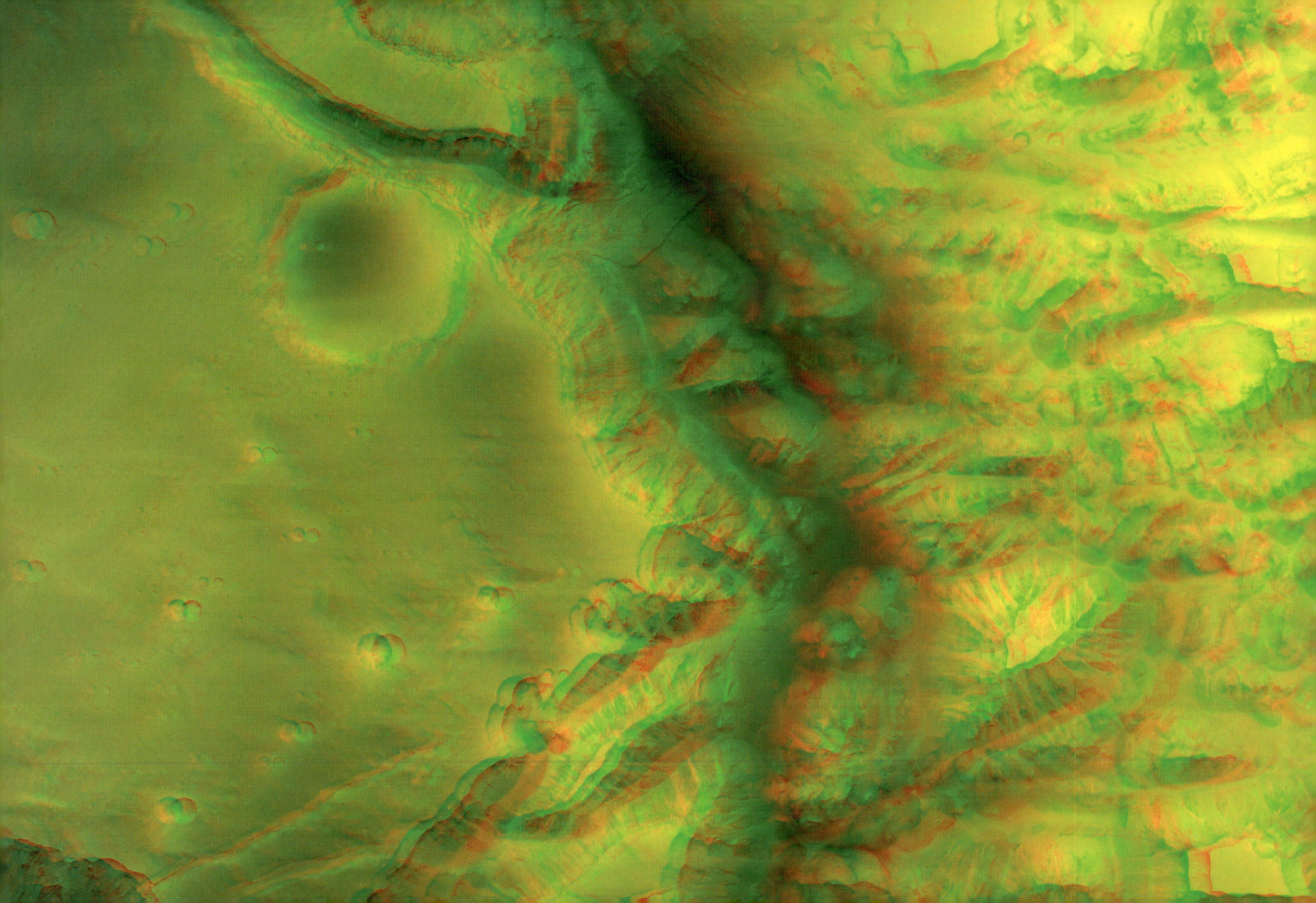

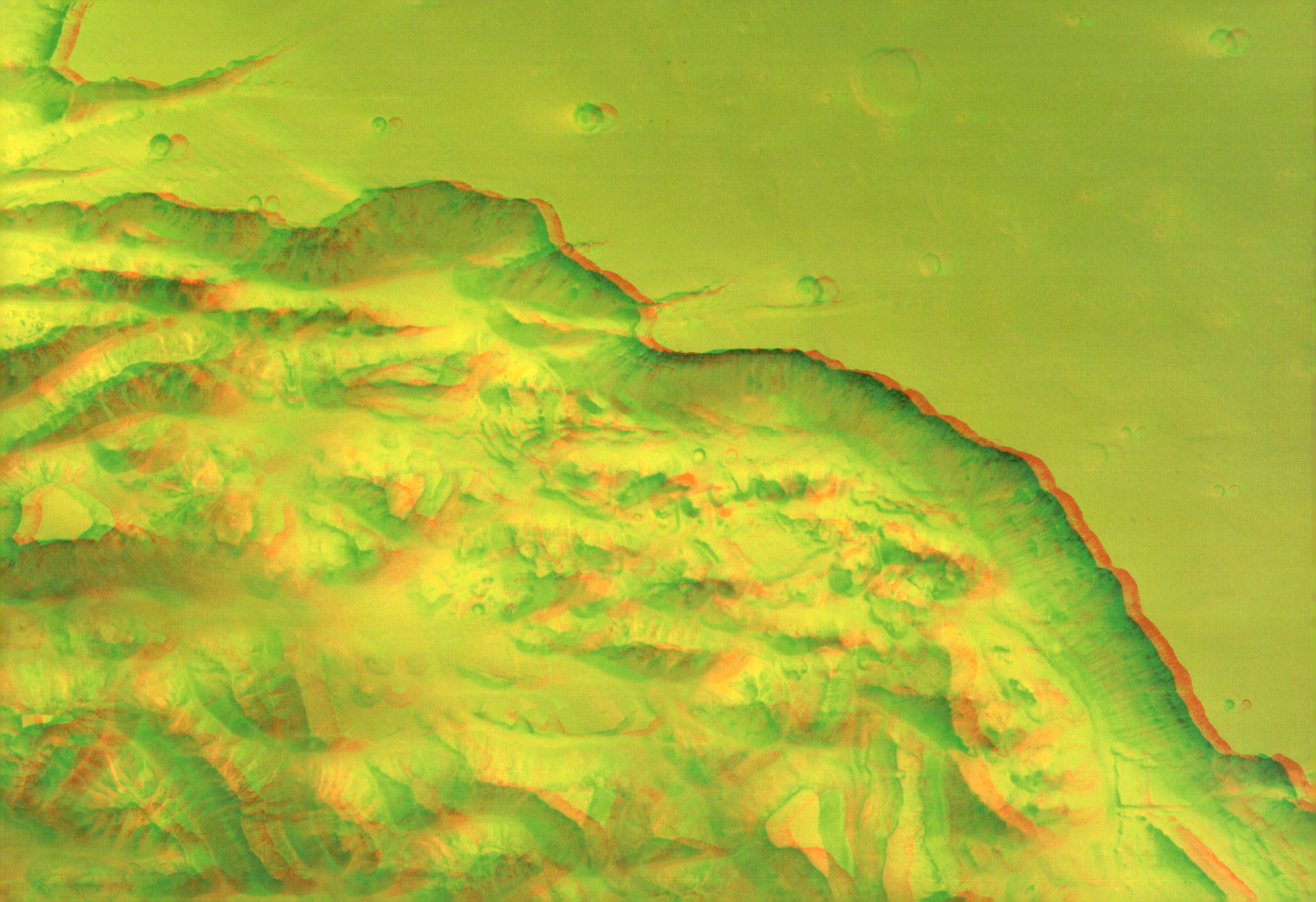

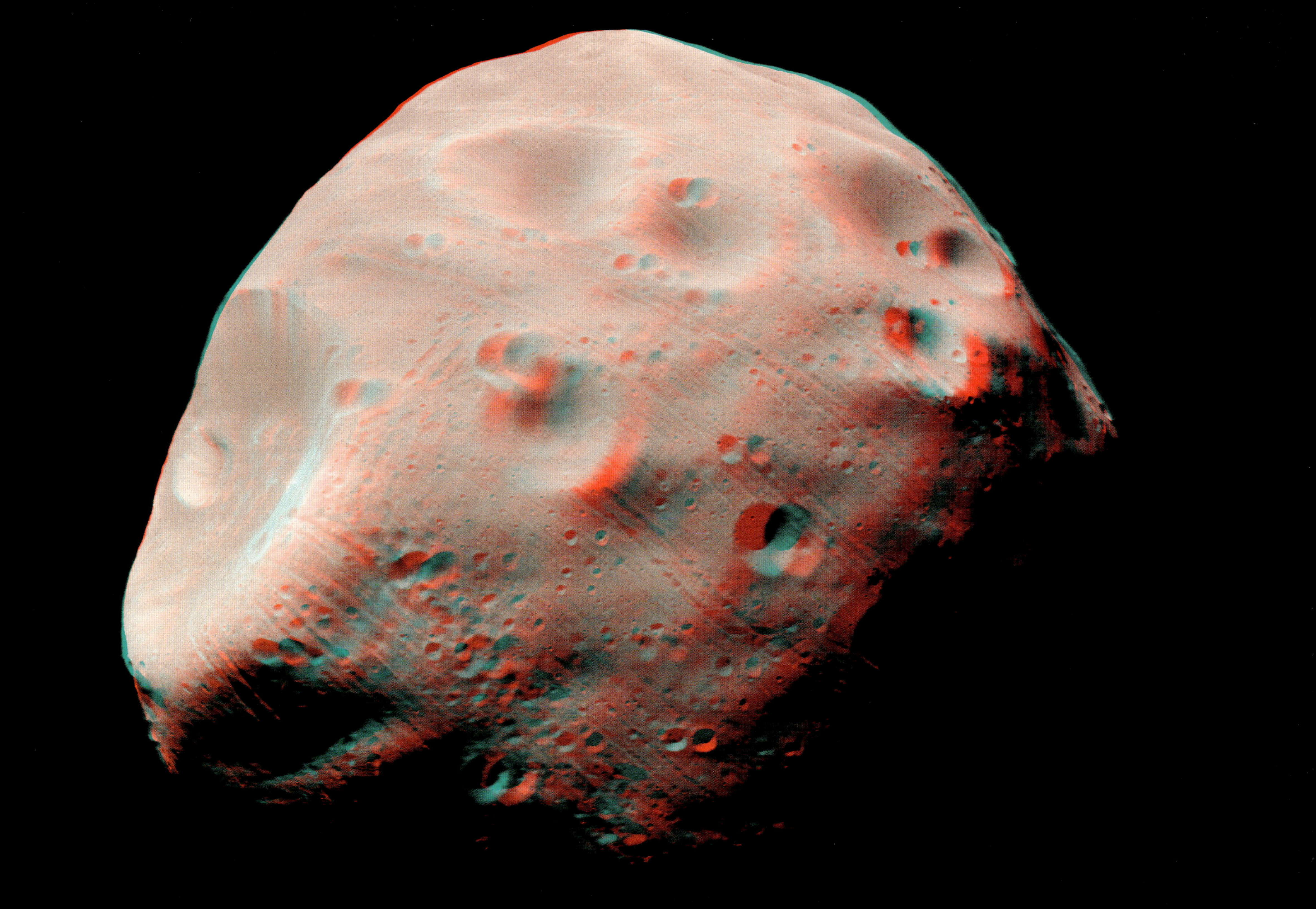

Die Todesspirale eines Mondes

Als die hochauflösende Stereokamera HRSC ein Bild des nur etwa 20 Kilometer großen Marsmondes Phobos aufnehmen sollte, war der Trabant zur allgemeinen Überraschung nicht da, wo er hätte sein sollen. Es stellte sich heraus, dass Phobos schneller war als angenommen und sich auf seiner nur 6000 Kilometer hohen Umlaufbahn schon ein gutes Stück weiterbewegt hatte. Phobos ist dabei so schnell, dass er zweimal täglich den Planeten umrundet. In etwa 50 Millionen Jahren jedoch wird Phobos, der auf immer engeren Bahnen immer mehr beschleunigt, im Bann der zunehmenden Anziehungskraft auf der Marsoberfläche aufschlagen oder vorher auseinander gerissen werden. Deimos dagegen, der zweite und noch kleinere Marsmond, entfernt sich mehr und mehr vom Mars und wird ihm irgendwann entfliehen. Auch unser Mond ist übrigens »auf der Flucht«: Er umrundet die Erde in allmählich größer werdendem Abstand. So wird es in ferner Zukunft auch keine totale Sonnenfinsternis mehr geben, wie wir sie heutzutage noch gelegentlich bestaunen können: Von der Erde aus gesehen, wird der Mond zu klein sein, um die »Sonnenscheibe« vollständig abzudecken.

Das Bild von Phobos, das schließlich doch noch entstanden ist *(links)*, zeigt neben Kratern auch seltsame Rillen, deren Ursache nicht geklärt ist.

Prachtvolle Einöde

»Prachtvolle Einöde« – mit diesen Worten beschrieb einst Edwin Aldrin seine Eindrücke nach der Landung auf dem Mond. Ähnliche Assoziationen können die Bilder der Kraterlandschaften auf dem Mars auslösen, die bei aller Kargheit und Schroffheit die Faszination einer fremden Welt ausstrahlen. Auf den folgenden Seiten sind einige weitere Stereobilder zu sehen, die die deutsche HRSC-Kamera von Bord der ESA-Sonde Mars Express übermittelt hat. Sie zeigen von Meteoriteneinschlägen gezeichnete Landschaften, Täler und Gräben sowie ewiges Eis am Boden eines Kraters. Besondere Aufmerksamkeit verdienen dabei sicher die zwei letzten, zum Abschluss dieses Kapitels gezeigten Bilder, die dieselbe Region in unterschiedlicher Art und Weise darstellen: Zunächst wird eine Aufnahme des Nicholson-Kraters mit seinem eindrucksvollen Zentralberg in einer Stereoaufsicht präsentiert. Das daneben abgedruckte Stereobild, das ebenfalls mit der 3-D-Brille betrachtet werden muss, ist in eine künstliche Perspektive umgerechnet und um die Originalfarben bereichert worden – eine Meisterleistung nicht nur der Kameratechnik, sondern auch der Bildbearbeitung.

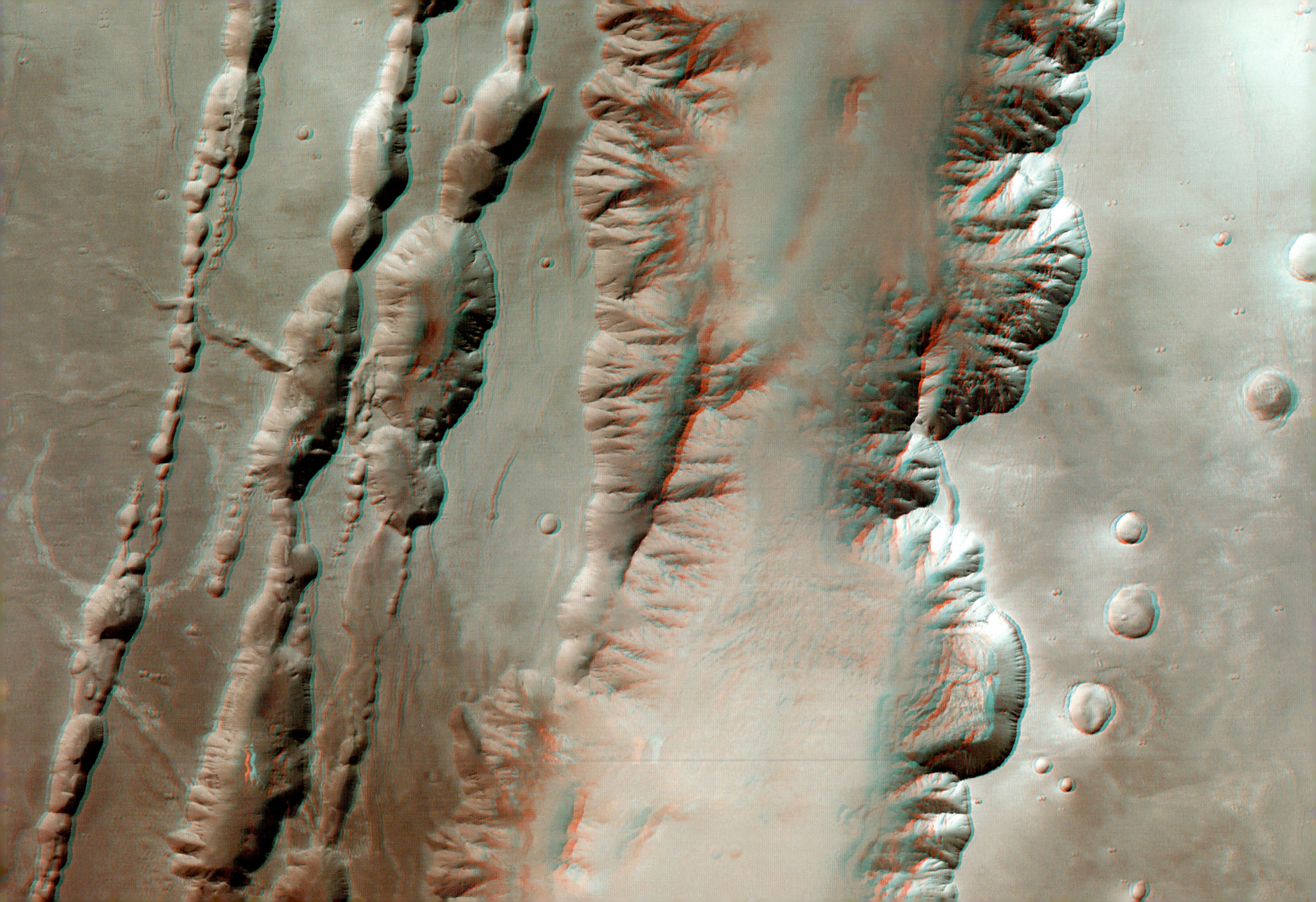

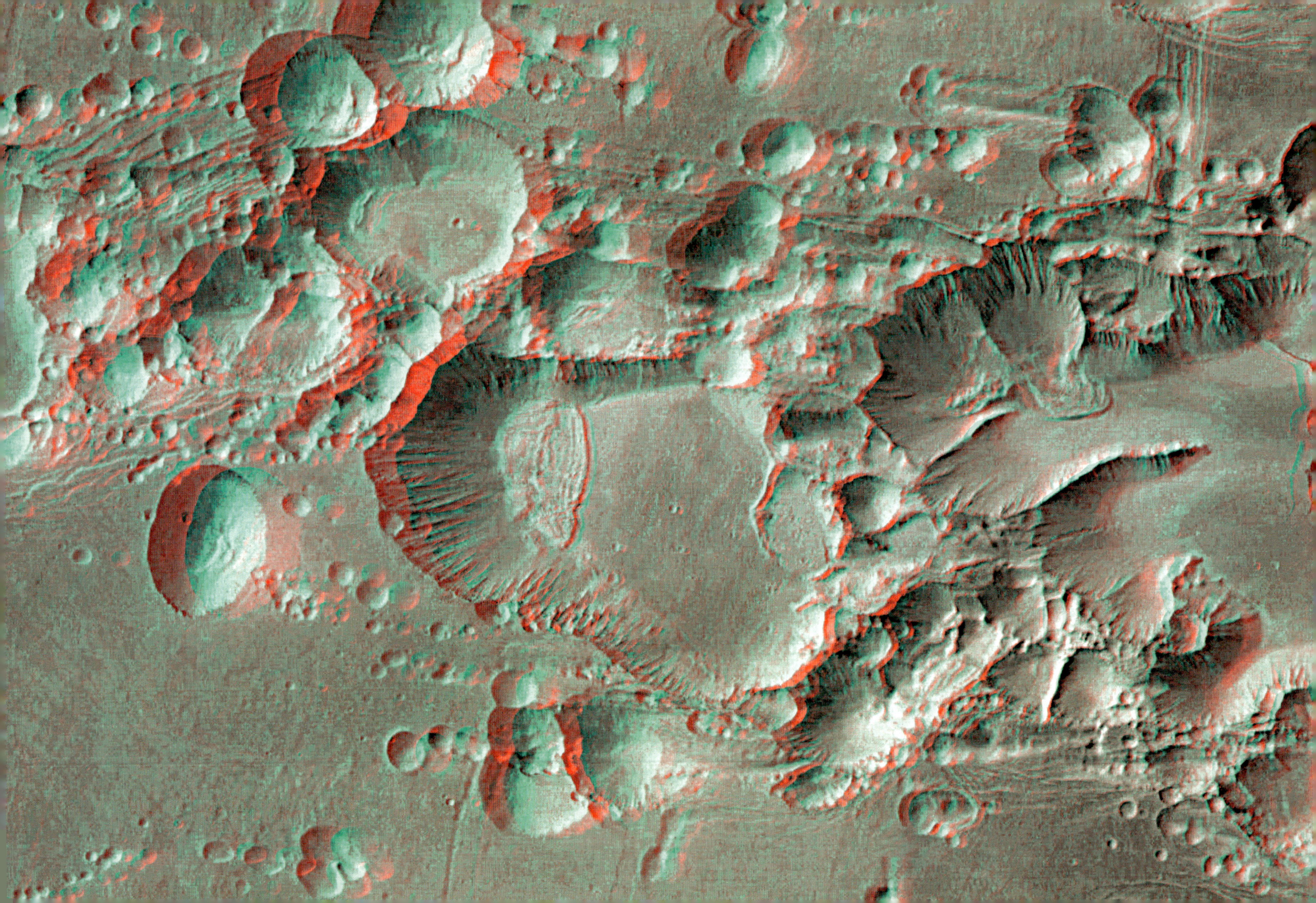

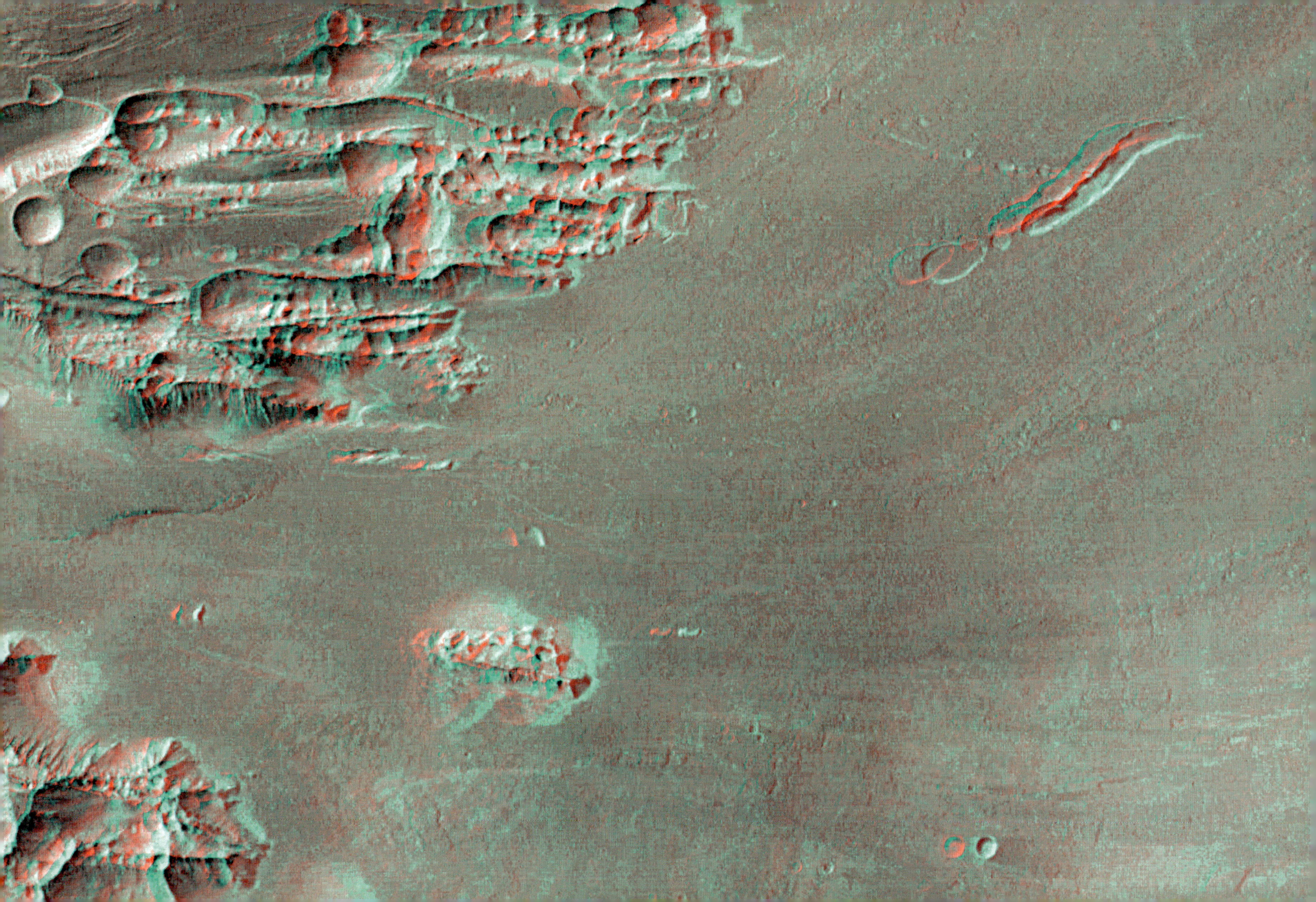

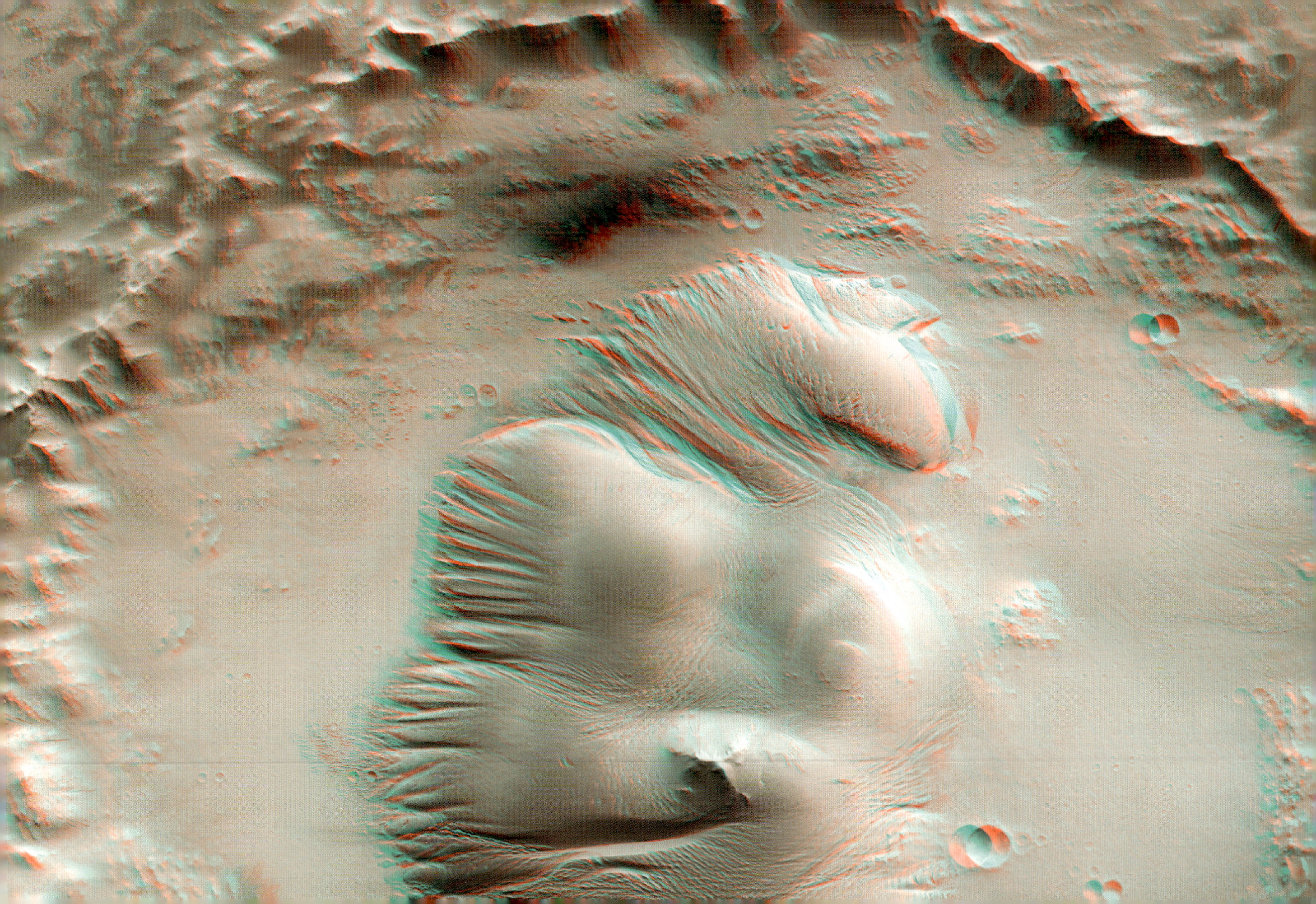

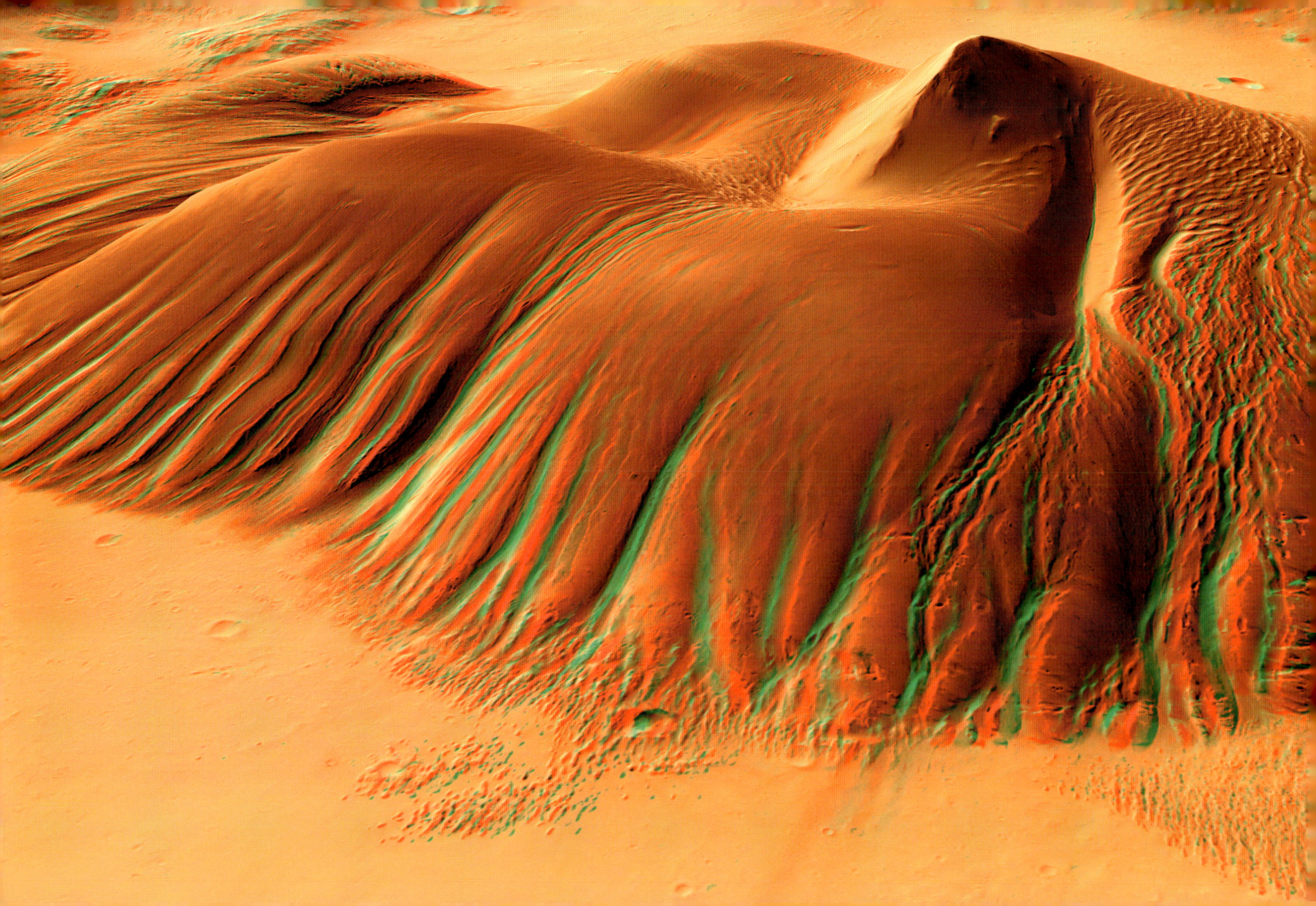

EINE MAGISCHE REISE DURCH RAUM UND ZEIT

240

Eine magische Reise durch Raum und Zeit

Das Universum – unendliche Weiten voller Mysterien: sterbende Sterne, Schwarze Löcher, kollidierende Galaxien. Mittels Satelliten und Sonden erweitern wir beständig unseren Horizont. Mikrowellensensoren vermessen die Hintergrundstrahlung, jenes geheimnisvolle »Echo« des Urknalls, das sich auch heute noch nachweisen lässt. Infrarotteleskope spüren rätselhafte, weit entfernte Objekte auf, die sich nur durch ihre Temperatur von der Umgebung abheben. Mit »Röntgenaugen« ausgestattete Satelliten sollen Schwarze Löcher entdecken und studieren, während andere Instrumente Gammawellen explodierender Sterne auffangen. So versucht man, Aufschluss über die Beschaffenheit und die Entwicklung des Kosmos zu erhalten, indem man die verschiedensten Phänomene im Weltall untersucht – von den kältesten Objekten am Rande des bekannten Universums bis hin zu den heißesten und gewaltigsten Prozessen im Inneren von Sternen und Galaxien.

Alle Erkenntnisse, die wir so gewinnen, zielen auf die Beantwortung sehr grundsätzlicher Fragen im Grenzbereich von Naturwissenschaften und Philosophie ab: Sind wir allein, oder gibt es andere Lebensformen? Wie sind das Universum und das Leben entstanden? Was war am Anfang, und wie wird sich das All weiterentwickeln? Dehnt es sich ewig aus, oder kollabiert es eines Tages?

Das Weltraum-Teleskop Hubble, ein gemeinsames Projekt von NASA und ESA, hat unser Verständnis des Universums innerhalb weniger Jahre revolutioniert. Bis zu 13 Milliarden Lichtjahre weit »blickt« es im optischen Bereich – also in jenen Wellenlängen, die auch für unser Auge sichtbar sind – in die Tiefen des Alls. Da das Licht der entferntesten Galaxien, die wir auf diesen Bildern sehen, bis zu 13 Milliarden Jahre lang unterwegs war, bevor es von dem fliegenden Teleskop eingefangen wird, schauen wir mit Hubble weit zurück in die Vergangenheit – eine magische »Zeitreise« beinahe bis zum Urknall. Neben weiteren amerikanischen und europäischen Satelliten hat uns vor allem das Hubble-Teleskop die Pracht des Universums erschlossen. Die schönsten Aufnahmen sind auf den folgenden Seiten wiedergegeben, wobei wir uns mit jedem Bild weiter von der Erde und unserem Sonnensystem entfernen.

Links: Kollidierende Galaxien. Noch umkreisen sich diese beiden Sternensysteme, doch in einigen Milliarden Jahren werden sie sich vereinigen. Genauer gesagt, wird die größere Galaxie (links) ihre kleinere Schwester »verschlucken«. Astronomen sprechen in solchen Fällen von Kannibalismus.

Das Bild links zeigt die Plejaden, die auch als »Siebengestirn« bekannt sind. In Wirklichkeit handelt es sich um einen Sternenhaufen von insgesamt weit über 3000 Sternen. Die sieben hellsten jedoch, denen dieser Cluster seinen Namen verdankt, sind sogar ohne Teleskop am Nachthimmel sichtbar – denn die Plejaden sind, in kosmischen Dimensionen betrachtet, nicht weit weg von uns. Gerade einmal etwas mehr als 400 Lichtjahre von der Erde entfernt, befinden sie sich noch innerhalb unserer eigenen Galaxie, der Milchstraße, die einen Durchmesser von ungefähr 100 000 Lichtjahren hat. Insgesamt schätzt man die Anzahl der Sterne in unserer Milchstraße auf über 100 Milliarden.

Da wir es hier immer wieder mit Lichtjahren als Maßeinheit für kosmische Entfernungen zu tun haben, eine kurze Erläuterung: Das Licht legt in einer Sekunde rund 300 000 Kilometer zurück, was etwa einer Milliarde Stundenkilometern entspricht. Ein Lichtstrahl benötigt daher vom knapp 400 000 Kilometer entfernten Mond bis zur Erde etwas mehr als eine Sekunde. Das Licht der Sonne ist rund acht Minuten lang unterwegs: Sehen wir die Sonne am Horizont untergehen, ist sie eigentlich schon seit acht Minuten dahinter verschwunden – nur sind die zuvor ausgesandten Strahlen noch so lange auf der Reise gewesen. Ein ganzes Lichtjahr entspricht einer Entfernung von rund 10 Billionen Kilometern. Man sieht, welch astronomische Zahlen hier zustande kommen – zumal es oft um viele Millionen oder gar Milliarden Lichtjahre geht – und weshalb Wissenschaftler meist die übersichtlichere Maßeinheit Lichtjahr verwenden.

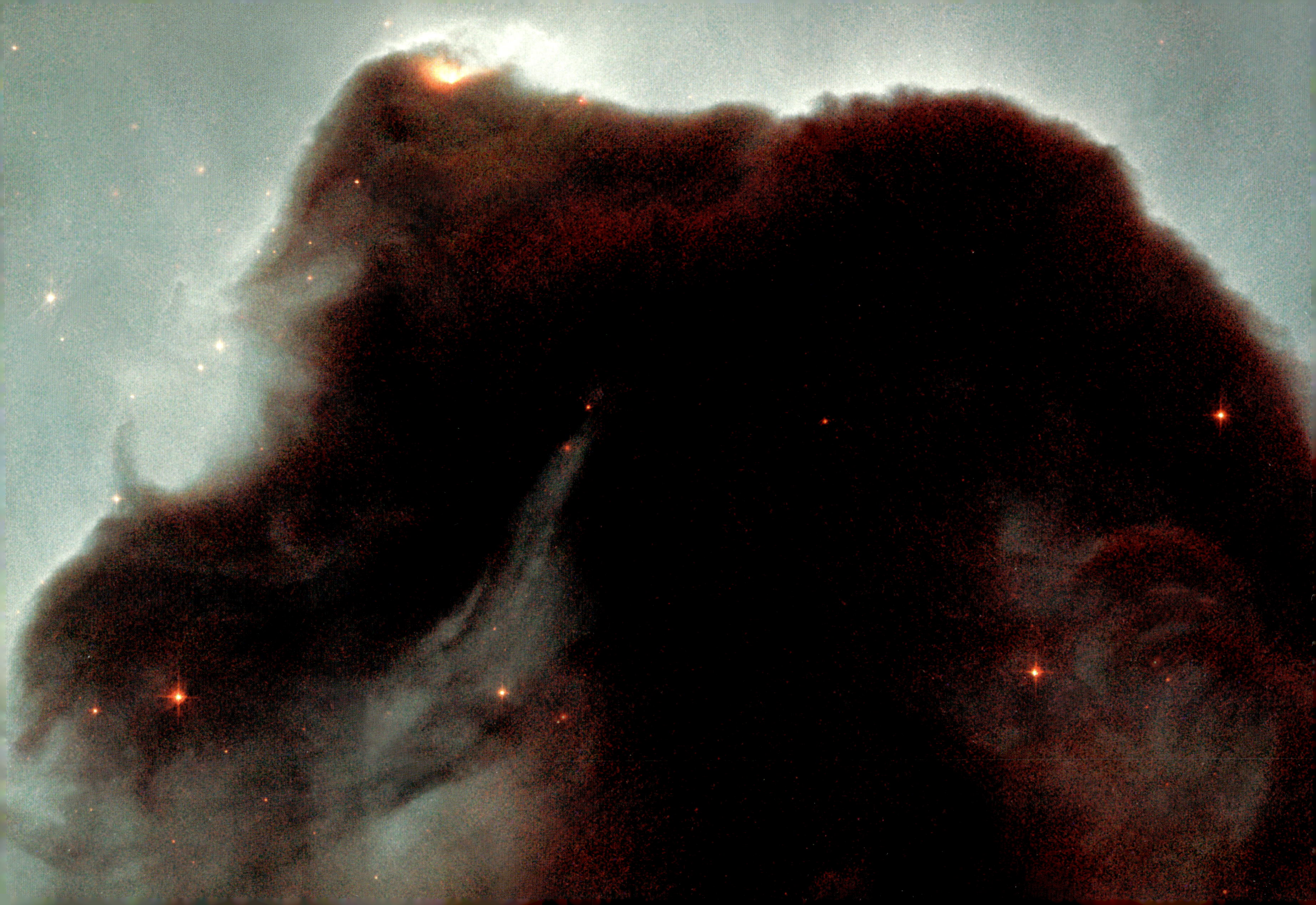

Ungetrübter Blick in die Tiefen des Alls

Wir entfernen uns weiter von der Erde und unserem Sonnensystem, bleiben aber immer noch innerhalb der Milchstraße. Könnten wir so schnell wie das Licht, also mit 300 000 Kilometern pro Sekunde, durchs All jagen, würden wir den berühmten Pferdekopfnebel *(links)* erst nach 1100 Jahren erreichen – obwohl er sich, in astronomischen Dimensionen betrachtet, fast vor unserer Haustür befindet. Da sich Sonden nur mit einem Bruchteil der Lichtgeschwindigkeit fortbewegen können, sind derartige Reisen schlicht unmöglich. Doch um solche Bilder zu erhalten, genügt es, Satelliten in die nur wenige hundert Kilometer hohe Umlaufbahn um die Erde zu befördern. Dort, außerhalb der Atmosphäre, trüben keine Luftschichten den Blick. So kann man weit entfernte Phänomene detailliert wie nie zuvor beobachten, auf dem Bild links zum Beispiel die Geburt eines Sterns, der sich aus den Partikeln der dunklen Staubwolke links am oberen Rand gebildet hat.

Rechts: Das Hubble-Teleskop umkreist die Erde in circa 600 Kilometer Höhe. Nachdem es im All ausgesetzt worden war, wurde es mehrfach repariert und kontinuierlich gewartet. Raumfahrer wie der hier abgebildete ESA-Astronaut Claude Nicollier aus der Schweiz mussten dazu aus dem Space Shuttle aussteigen und das gewaltige Instrument »einfangen«. Künftig sollen Roboter derartige Arbeiten ausführen.

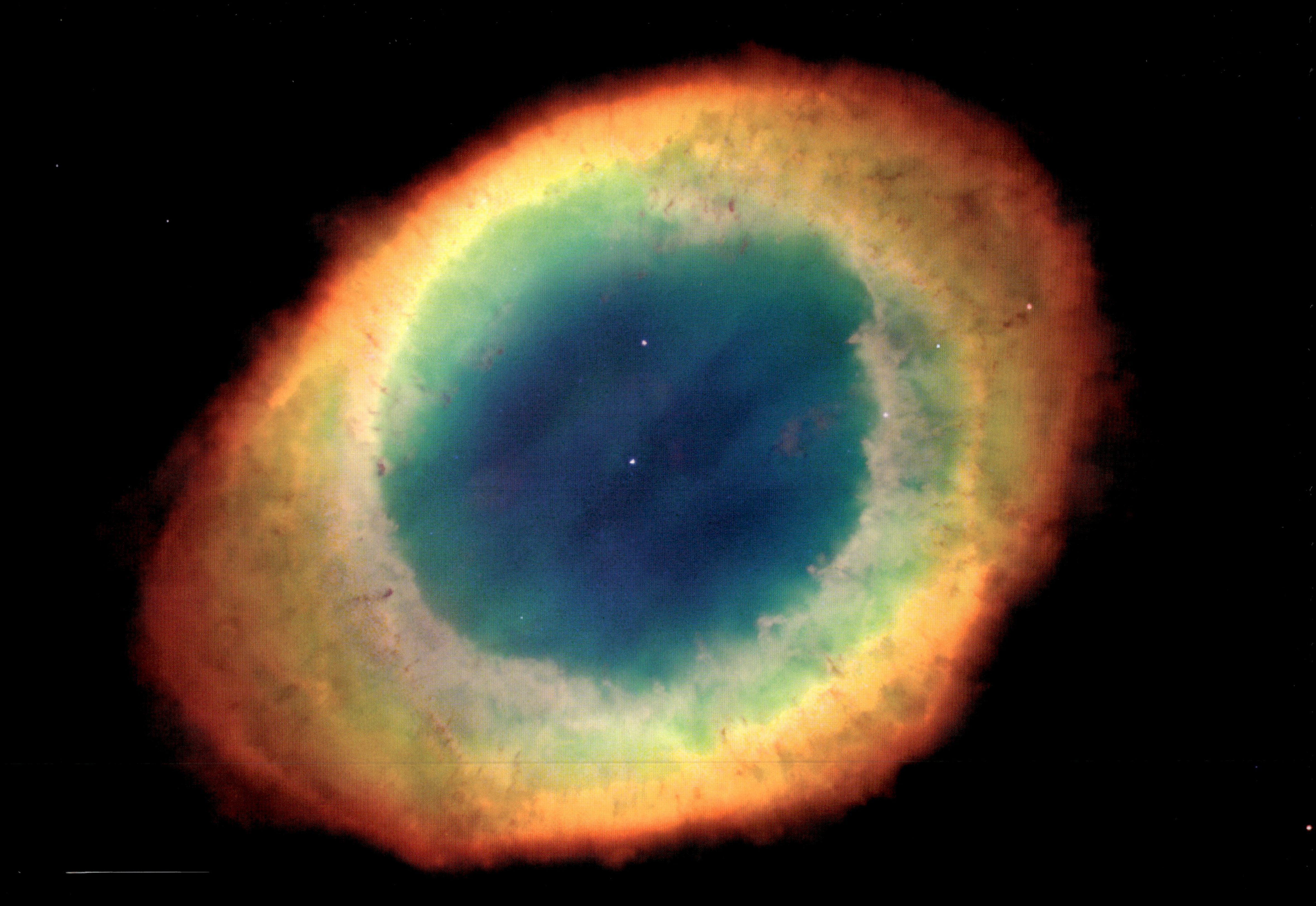

Das letzte Leuchten sterbender Sterne

Die Abbildung links zeigt den Ring-Nebel (M57), der ungefähr 2000 Lichtjahre von der Erde entfernt ist. Die wunderbare Struktur ist in Wirklichkeit das letzte Leuchten eines sterbenden Sterns. Denn auch Sonnen – nichts anderes sind ja Sterne – haben eine begrenzte Lebenszeit: Wenn eine Sonne nach vielen Milliarden Jahren allen Brennstoff verbraucht hat, geraten die Abläufe in ihrem Inneren außer Kontrolle. Sie dehnt sich dann ein letztes Mal gewaltig aus und schleudert in einer ungeheuren Explosion einen Großteil ihrer Materie ins All. Danach schrumpft sie auf einen Bruchteil ihrer früheren Größe und glüht für lange Zeit als Weißer Zwerg nach. Die abgesprengte Hülle aber bietet weiterhin einen farbenprächtigen Anblick.

Mysteriöse Tendenz zur Symmetrie

Ein weiteres Beispiel für einen Stern am Ende seines »Lebens« zeigt das Bild unten. Der unserer Sonne ähnliche, 2100 Lichtjahre entfernte Stern M2-9 lässt seine Materie in den Raum ausströmen. Die Frage, warum diese Strukturen, die entstehen, wenn Sterne gewissermaßen ihren letzten Atem ins All hauchen, immer wieder eine derartige Symmetrie aufweisen, ist bislang nicht abschließend beantwortet.

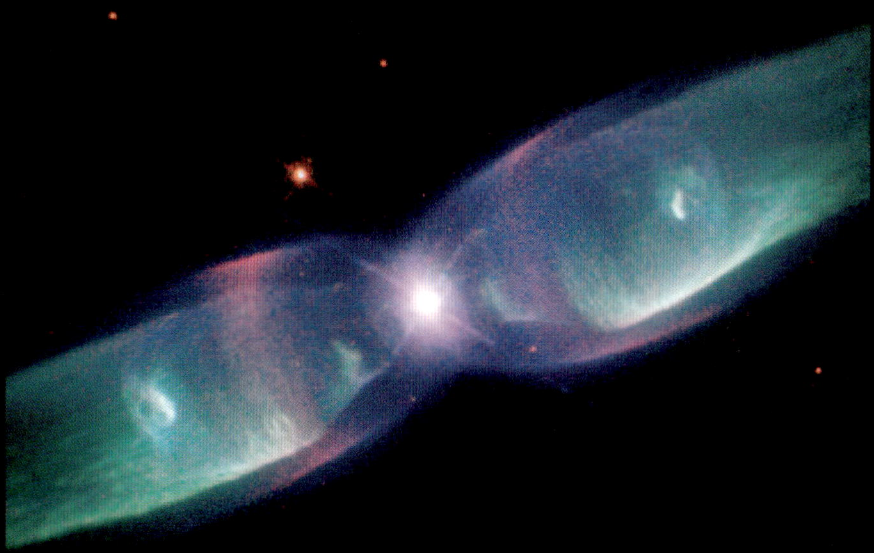

Tödliche Schönheit: Der Katzenaugen-Nebel

Links ist der Katzenaugen-Nebel zu sehen, der sich in 3000 Lichtjahren Entfernung befindet. Er ist eines der komplexesten und filigransten Objekte unter den sogenannten Planetarischen Nebeln, also jenen Gaswolken, die von sterbenden Sternen ausgestoßen werden. Unsere Sonne wird in rund fünf Milliarden Jahren für ein ähnliches kosmisches Schauspiel sorgen. Weit über die Umlaufbahn der Erde hinaus wird sie sich dann aufblähen und ein letztes Mal hell erstrahlen.

Übrigens führt die Bezeichnung »Planetarischer Nebel« in die Irre: Planeten spielen bei diesem letzten »Aufbäumen« einer Sonne keine Rolle – abgesehen davon, dass sie von dem sterbenden Giganten »geschluckt« werden.

Wir sind alle Sternenkinder

Im 5000 Lichtjahre entfernten Trifid-Nebel *(links)* im Sternbild Schütze lässt sich die Geburt von Sternen bestaunen: Die Überreste explodierter Sonnen verdichten sich aufgrund der – wenn auch nur schwachen – Anziehungskräfte, bis sich aus den Gas- und Staubwolken allmählich eine neue Generation von Sternen formt und ein weiterer Zyklus beginnt. Erst durch diesen Prozess entstanden im Universum die schwereren chemischen Elemente wie zum Beispiel Eisen, die letztendlich zu den Bausteinen des Lebens wurden. Wir alle tragen also Atome in uns, die einst in Sternen gebildet und dann ins All hinausgeschleudert worden sind. So gesehen, sind wir Menschen im wörtlichen Sinne Sternenkinder.

Sternen-Embryos und fremde Planeten

Die linke Seite zeigt eines der spektakulärsten Bilder, die wir dem Weltraum-Teleskop Hubble verdanken. Was wie die Stalagmiten einer Tropfsteinhöhle anmutet, sind »Säulen« aus glühenden Gasen. Auch hier, im etwa 7000 Lichtjahre entfernten Adler-Nebel, bilden sich Sterne.

Dass mit der Geburt von Sonnen offenbar regelmäßig auch Planeten entstehen, ist eine recht neue Erkenntnis: Erst in den letzten Jahren hat man außerhalb unseres eigenen Sonnensystems Himmelskörper entdeckt, die andere Sonnen umkreisen. Inzwischen sind um die 200 Planeten bekannt. Ob dazu auch solche gehören, die unserer Erde ähnlich sind und auf denen es möglicherweise gar Leben gibt, ist noch unklar. Planeten sind zu klein, als dass man sie auf derart große Entfernung mit heutigen Instrumenten genauer untersuchen könnte. Weitere Aufschlüsse werden wir erst durch Projekte wie Darwin bekommen, eine von der Europäischen Weltraumorganisation ESA geplante Flotte von Satelliten, die in einer bestimmten Konstellation fliegen und so wie ein einziges gigantisches Teleskop funktionieren sollen.

Rechts: Der Konus-Nebel

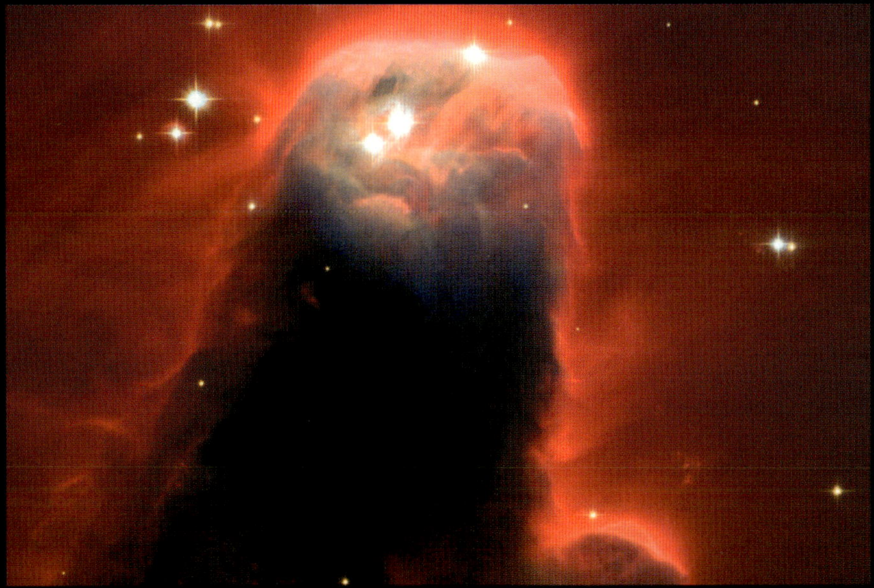

Der magische Blick aus der Sanduhr

Er ist vielleicht eines der magischsten Objekte, die je von Astronomen gesichtet wurden: Aus 8000 Lichtjahren Entfernung scheint uns der Sanduhr-Nebel *(links)* regelrecht anzustarren. Was im Zentrum dieses eigenartigen Gebildes wie ein Auge erscheint, ist in Wirklichkeit eine geschrumpfte Sonne. Beim Sanduhr-Nebel handelt es sich um einen vergleichsweise jungen Planetarischen Nebel innerhalb unserer Milchstraße.

Unsere Sonne gehört nicht zu den ganz großen Sternen, sie ist vielmehr von durchschnittlicher Größe. Ganz anders verhält es sich mit Monocerotis V838, einem Roten Riesen. Diese gigantische Sonne erleuchtet eine Wolke aus interstellarer Materie, was dieses bizarre Bild erzeugt *(links)*.

Monocerotis befindet sich im äußeren Bereich der Milchstraße und hat Astronomen vor einigen Jahren mit einem einzigartigen Helligkeitsausbruch verblüfft, der den Stern kurzzeitig zum leuchtkräftigsten Objekt in unserer Galaxie werden ließ. Da der Stern rund 20 000 Lichtjahre von der Erde entfernt ist, hat sich die tatsächliche Lichtexplosion allerdings schon vor 20 000 Jahren ereignet. Es hat lediglich so lange gedauert, bis die Lichtstrahlen die Erde erreicht haben und wir das Ereignis beobachten konnten.

Sind die Entfernungen innerhalb der Milchstraße schon unvorstellbar groß, so steigern sie sich noch einmal ins schier Unermessliche, wenn wir den Blick auf andere Galaxien richten. Abgesehen von einer sehr kleinen Galaxie, welche die Milchstraße sich gerade einverleibt, ist die Große Magellansche Wolke *(unten)* in 160 000 Lichtjahren Entfernung die uns am nächsten gelegene Galaxie. Sie wird begleitet von der Kleinen Magellanschen Wolke *(nächste Doppelseite)*. Beide Galaxien wurden nach dem portugiesischen Seefahrer benannt, der sie als erster Europäer 1519 auf der von ihm angeführten legendären Weltumseglung entdeckt hatte.

Kein friedlicher Sternenhimmel

Die Galaxie Centaurus A *(links)* ist für ihre heftige Röntgenstrahlung bekannt, die wahrscheinlich durch das Auftreffen enormer Materieströme auf Gas- und Staubwolken ausgelöst wird. Satelliten, deren Instrumente – anders als das Hubble-Teleskop oder das menschliche Auge – die energiereichen Röntgenstrahlen registrieren können, haben hier in mehr als 10 Millionen Lichtjahren Entfernung gigantische Explosionen aufgezeichnet. Der nächtliche Anblick des scheinbar so friedlich funkelnden Sternenhimmels täuscht also: Gewaltige Ausbrüche von Materie und unvorstellbarer Energie ereignen sich in jeder Sekunde. Könnten wir den Himmel mit »Röntgenaugen« betrachten, bekämen wir ein wahres Feuerwerk zu sehen.

Rechts: Röntgenaufnahmen von den Überresten der Supernova Tycho in verschiedenen Wellenlängen. Die Bilder stammen vom ESA-Satelliten XMM-Newton, der – zusammen mit dem amerikanischen Satelliten Chandra – als Leistungsträger in der Röntgenastronomie gilt. Genau 51 Spiegel fangen die Röntgenstrahlung ein und machen einen Sternenhimmel sichtbar, der dem menschlichen Auge sonst verborgen ist. Die Farben deuten auf verschiedene chemische Elemente wie Eisen und Schwefel hin.

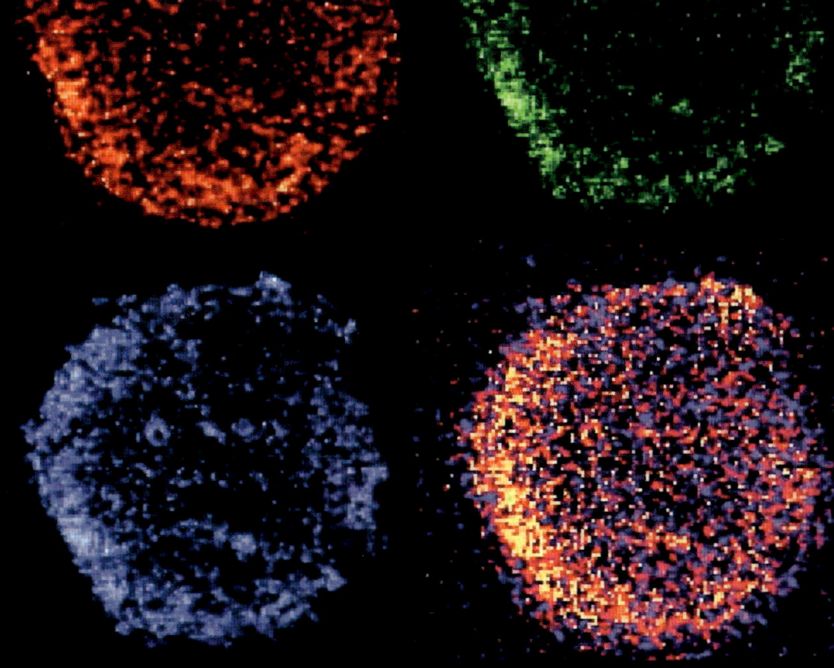

Strahlende Schönheit mit dunklem Geheimnis

Die aus 80 Milliarden Sonnen bestehende Sombrero-Galaxie *(links)* ist ein einzigartiges Objekt. Obwohl sie 28 Millionen Lichtjahre von uns entfernt ist, können wir sie aufgrund ihrer enormen Helligkeit sogar mit einfachen Teleskopen als schwachen Lichtpunkt am Nachthimmel erkennen.

Hinter der strahlenden Schönheit dieser Galaxie verbarg sich ein dunkles Geheimnis, das erst kürzlich gelüftet werden konnte. In ihrem Zentrum befindet sich ein Schwarzes Loch, das in seiner Masse einer Milliarde Sonnen entspricht. Aufgrund ihrer großen Massenkonzentration entfalten Schwarze Löcher eine solche Anziehungskraft, dass sie alles in sich aufsaugen, was in ihre Nähe kommt. Selbst Licht kann ihnen nicht mehr entweichen.

Inzwischen geht man davon aus, dass in nahezu jeder Galaxie ein Schwarzes Loch existiert – auch in unserer Milchstraße.

In 37 Millionen Lichtjahren Entfernung rotieren die Spiralarme der links abgebildeten Whirlpool-Galaxie majestätisch um ihr Zentrum. M51, so der wissenschaftliche Name, ist nur eine von unvorstellbar vielen Galaxien im Universum. Insgesamt schätzen Experten die Anzahl aller im All vorhandenen Galaxien auf 100 Milliarden. Geht man davon aus, dass wiederum jede von ihnen wie die Milchstraße im Durchschnitt aus 100 Milliarden Sonnen besteht, so lässt sich die Anzahl der Sterne im Universum hochrechnen. Bezieht man in diese wahrlich astronomische Rechnung auch noch all jene Materie ein, die sich nicht zu Sternen verdichtet hat, sondern in Form von Nebeln, Gaswolken oder einer geheimnisvollen, »Dunkle Materie« genannten Substanz den Raum füllt, kann man ungefähr erahnen, wie groß die insgesamt im All vorhandene Masse ist. Davon wiederum hängt es ab, ob sich das Universum immer weiter ausdehnen kann oder ob die Anziehungskräfte aller Himmelskörper und Partikel zusammen so stark sind, dass sie die Expansion allmählich verlangsamen und schließlich stoppen können. Jüngste Messungen zeigen, dass sich entfernte Galaxien weiter von uns wegbewegen – und zwar erstaunlicherweise mit zunehmender Geschwindigkeit. Diese überraschende Entdeckung könnte ein Indiz dafür sein, dass das Universum sich ewig ausdehnt ...

Wenn sich die Wege von Galaxien kreuzen

Was fast plastisch wie eine weiße Perle anmutet, ist tatsächlich eine gigantische Ansammlung von Sonnen, umgeben von einem blau schimmernden Ring aus jungen Sternen *(links)*. Dieser ist offenbar entstanden, als einst eine andere Galaxie den Weg dieses Sternenhaufens gekreuzt hat. Sonnen wurden dabei aus ihrer Bahn geworfen, Partikel und Gaswolken durcheinander gewirbelt und zusammengepresst. Allmählich ordnete sich alles neu, und es bildete sich schließlich ein gewaltiger Ring aus interstellaren Materieteilchen, größer noch als unsere gesamte Milchstraße. Da sich im Universum selbst kleinste Partikel – wenn auch nur schwach – gegenseitig anziehen, verdichtete sich dieser Nebel immer mehr, bis schließlich neue Sterne entstanden. Dieses Schauspiel fand 300 Millionen Lichtjahre von uns entfernt statt – das Bild, das wir davon erhalten haben, ist an Schönheit kaum zu überbieten.

Ein Blick zurück zum Anfang der Zeit

Die nächste Doppelseite zeigt den weitesten Blick ins Universum, der Menschen je vergönnt war. Auf dem Bild des Weltraum-Teleskops Hubble sind Galaxien in einer Entfernung von ungefähr 13 Milliarden Lichtjahren von der Erde zu sehen. Bedenkt man, dass das Universum den gängigen Theorien zufolge vor rund 15 Milliarden Jahren mit dem Urknall entstanden ist, haben wir es hier mit einem Foto aus den Kindertagen des Alls zu tun. Diese Abbildung zeigt die Galaxien folglich nicht so, wie sie heute aussehen, da wir ihr Licht erst empfangen, nachdem es 13 Milliarden Jahre lang zu uns unterwegs war. Damit ist dieses Bild nicht nur der weiteste Blick in den Raum, sondern auch ein Blick zurück zum Anfang der Zeit.

PERSPEKTIVEN FÜR DIE ZUKUNFT: DEN HORIZONT ERWEITERN

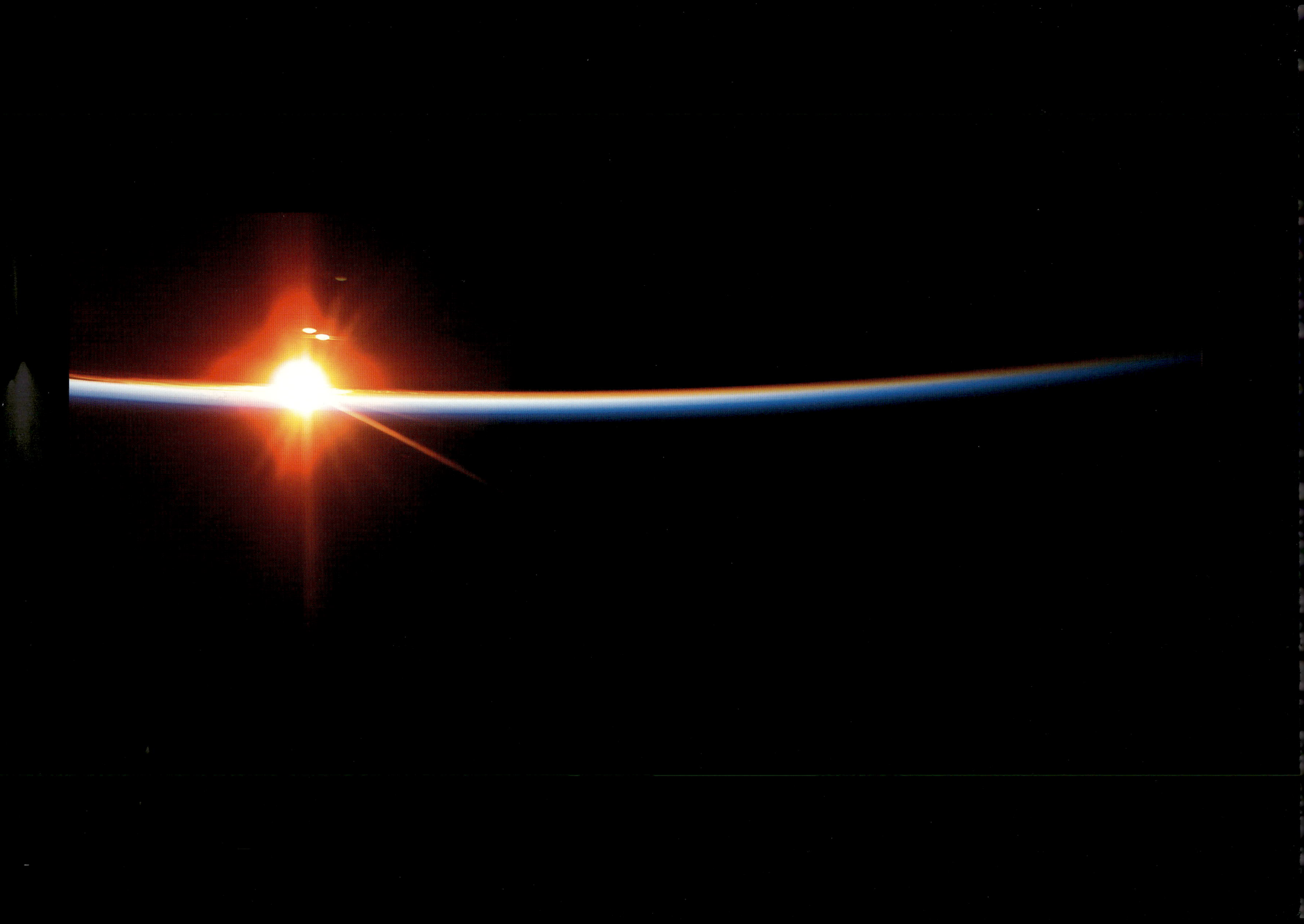

Perspektiven für die Zukunft: Den Horizont erweitern

Die Raumfahrt hat es dem Menschen ermöglicht, seinen eigenen Planeten zu verlassen – welch ein historischer Schritt in der Menschheitsgeschichte! Der Mensch überwindet die Schwerkraft, umrundet die Erde in der Umlaufbahn, erkundet vom Weltraum aus seinen eigenen Planeten und sogar fremde und ferne Welten. Was zunächst einer kühnen Vision glich, wurde Realität, und zwar mit weitreichenden Konsequenzen.

In kurzer Zeit hat die Raumfahrt unser Weltbild dramatisch verändert. Da sind etwa die Daten von Umweltsatelliten, die uns über den Zustand der Ozonschicht und die globale Erwärmung informieren und uns die Verletzlichkeit unserer Erde vor Augen führen. So verstehen wir heute viele Prozesse besser, die die Biosphäre unseres Planeten betreffen. Und wir begreifen unsere Verantwortung, die natürlichen Lebensgrundlagen für kommende Generationen zu bewahren. Gleichzeitig nehmen wir im Zeitalter der weltweiten Kommunikation – die ebenfalls vor allem durch die Raumfahrt ermöglicht wird – mehr denn je Anteil am Geschehen auch in entfernten Regionen der Erde. Unser Horizont hat sich so in vieler Hinsicht radikal erweitert. Ein neues, ein globales Bewusstsein ist entstanden.

Auch unser Verständnis davon, wie sich die Erde in unsere kosmische Nachbarschaft und ins Ganze des Universums einfügt, ist ein anderes geworden. Immer genauer erforschen wir unsere »nähere« Umgebung, den Mond, den Mars und andere Himmelskörper des Sonnensystems. Wir erfahren mehr und mehr über ihre Entstehungsgeschichte und ziehen Rückschlüsse auf unsere eigenen kosmischen Ursprünge. Schon gehen wir der Frage nach, ob andere Sonnen von Planeten ähnlich dem unseren umkreist werden. Wir vermessen die Milchstraße, betrachten entfernte Galaxien und blicken tiefer ins Universum denn je – beinahe zu den Anfängen von Raum und Zeit. Verglichen mit unserem heutigen Wissensstand, hatten wir vor einiger Zeit noch ein recht unklares Bild vom Kosmos.

Und dennoch sind die Potentiale, die uns die Raumfahrt bietet, bei weitem noch nicht ausgeschöpft. Technologie und Forschung bleiben nie auf einem bestimmten Stand stehen. Immer sind es die neuesten Erkenntnisse, die zu weiteren Untersuchungen anregen, immer werfen Antworten neue Fragen auf, und neue Technologien ermöglichen neue Anwendungen.

So werden gegenwärtig noch leistungsfähigere Satelliten zur Erdbeobachtung entwickelt, deren Daten schneller und umfassender für alle Belange der Umweltforschung, aber auch der Sicherheit verfügbar sein sollen. Dazu sind neben modernster Technik in der Umlaufbahn auch verbesserte Verfahren bei der Auswertung nötig. Angestrebt werden beispielsweise die Einrichtung weltweit vernetzter und kompatibler Online-Datenbanken, auf die Nutzer problemlos zugreifen können, oder die Entwicklung noch wirkungsvollerer Frühwarnsysteme zum Schutz vor Naturkatastrophen. Moderne Navigationssysteme sind im Aufbau, und auch auf vielen anderen Gebieten trägt die Raumfahrt dazu bei, unsere Lebensqualität zu steigern. In der Erforschung des Weltraums schließlich arbeiten die Raumfahrtnationen der Erde bereits an dem vielleicht ehrgeizigsten Vorhaben aller Zeiten – der Erkundung des Sonnensystems nicht nur durch Raumsonden, sondern auch mittels bemannter Flüge. Der Mond und dann vor allem der Mars sind die Ziele, die zunächst genauer von Robotern und Rovern erkundet und danach vom Menschen selbst erforscht werden sollen. Dadurch hofft man, einige grundsätzliche Fragen, wie jene nach der Existenz von Leben auf dem Roten Planeten, abschließend beantworten zu können.

Die Öffentlichkeit verfolgt diese Vorhaben, bei denen nicht der unmittelbare Nutzen, sondern vor allem ein Zugewinn an Erkenntnis im Vordergrund steht, mit zunehmendem Interesse. So bereichert uns die Raumfahrt als eine der großen Unternehmungen der Menschheit eben nicht nur in materieller Hinsicht, sondern auch ideell. Oftmals macht sie sich in unserem Alltag sehr konkret bemerkbar, etwa wenn wir ihre direkten Anwendungen nutzen. Manchmal aber berührt sie uns einfach mit all jener Faszination, die unser Leben so reich macht.

Zu den Bildern auf diesen Seiten:

Seite 272: Sonnenaufgang in der Umlaufbahn

Seite 275: Die Erde im Sonnenlicht

Seite 278/279: Start einer europäischen Ariane 5

Umschlag hinten: Saturn

BILDNACHWEIS

Cover: © NASA, ESA, AURA/Caltech; Seite 2/3: © ESA, DLR, FU Berlin (G. Neukum); Seite 4/5: © NASA, ESA, The Hubble Heritage Team (AURA/STScI) – Dank an: Cornell (J. Higdon), STScI (I. Jordan); Seite 6: © NASA, ESA, STScI, Arizona State University (J. Hester und P. Scowen); Seite 7: © NASA, ESA, Vanderbilt University (C. R. O'Dell), STScI (M. Meixner und P. McCullough); Seite 8: © NASA; Seite 10: © ESA (S. Corvaja); Seite 14: © ESA; Seite 15: © ESA (A. Le Floc'h); Seite 16–19: © ESA; Seite 20: © Eumetsat; Seite 21 oben: © ESA; Seite 21 unten: © NASA; Seite 22/23: © DLR, NASA; Seite 24–25: © ESA; Seite 26: © NASA Landsat Project Science Office, USGS National Center for EROS; Seite 27: © NASA, GSFC, METI, ERSDAC, JAROS und U.S./Japan; Seite 28: © ESA; Seite 29: © NASA, MODIS Rapid Response Team; Seite 30: © CNES – Distribution: Spot Image; Seite 31–32: © ESA; Seite 33 oben: © NASA (R. Simmon), Space Imaging; Seite 33 unten: © ESA; Seite 34–45: © ESA; Seite 46: © NASA Landsat Project Science Office, USGS National Center for EROS; Seite 47–54: © ESA; Seite 56–57: © DLR (Deutsches Fernerkundungsdatenzentrum, DFD); Seite 60: © ESA; Seite 61: © NASA; Seite 62: © ESA, CNES, M. Pedoussaut; Seite 64: © ESA, NASA; Seite 65 oben: © ESA (S. Corvaja); Seite 65 unten: © ESA, ASI, Star City; Seite 66: © ESA, Star City; Seite 67 oben: © ESA, ASI, Star City; Seite 67 unten: © ESA, NASA; Seite 68: © ESA (S. Corvaja); Seite 70/71: © ESA (S. Corvaja); Seite 72: © NASA; Seite 73: © NASA (B. Ingalls); Seite 74: © ESA, CNES; Seite 75: © NASA; Seite 76: © ESA, CNES; Seite 77: © ESA; Seite 78/79: © ESA; Seite 80: © NASA; Seite 81 oben: © ESA, D. Ducros; Seite 81 unten: © Alenia Spazio; Seite 82/83: © EADS, K. Henseler; Seite 84: © DLR; Seite 85 oben: © DLR; Seite 85 unten: © NASA; Seite 86: © NASA; Seite 87 oben: © NASA; Seite 87 unten: © DLR; Seite 88: © NASA, DLR; Seite 90: © ESA, NASA; Seite 91: © NASA; Seite 92: © ESA (S. Corvaja), ASI; Seite 93: © ESA, Star City; Seite 94/95: © NASA Kennedy Space Center; Seite 98–99: © ESA, NASA; Seite 100–109: © International Space Station Crew Earth Observations Experiment, Image Science & Analysis Group, NASA Johnson Space Center; Seite 110/111: © ESA; Seite 112–123: © International Space Station Crew Earth Observations Experiment, Image Science & Analysis Group, NASA Johnson Space Center; Seite 124: © ESA; Seite 125–126: © International Space Station Crew Earth Observations Experiment, Image Science & Analysis Group, NASA Johnson Space Center; Seite 127 oben: © ESA; Seite 127 unten: © International Space Station Crew Earth Observations Experiment, Image Science & Analysis Group, NASA Johnson Space Center; Seite 128: © ESA; Seite 129: © International Space Station Crew Earth Observations Experiment, Image Science & Analysis Group, NASA Johnson Space Center; Seite 130: © ESA; Seite 131–141: © International Space Station Crew Earth Observations Experiment, Image Science & Analysis Group, NASA Johnson Space Center; Seite 144: © ESA, D. Ducros; Seite 146: © ESA, NASA (SOHO/EIT); Seite 147: © NASA, Stanford-Lockheed Institute for Space Research; Seite 148/149: © ESA, NASA (SOHO/EIT); Seite 150: © C. J. Hamilton (Daten: Mariner 10, NASA); Seite 152: © NASA, JPL; Seite 153: © ESA, Medialab; Seite 154: © NASA; Seite 155: © ESA, J. Huart; Seite 156–157: © NASA; Seite 158: © NASA, JPL, DLR; Seite 159: © ESA, Space-X, Space Exploration Institute; Seite 160: © ESA, DLR, FU Berlin (G. Neukum); Seite 161: © ESA, D. Ducros; Seite 162–173: © ESA, DLR, FU Berlin (G. Neukum); Seite 174: © NASA, JPL, Cornell; Seite 175: © NASA, JPL, Cornell, USGS; Seite 176–177: © NASA, JPL, Cornell; Seite 178: © NASA, USGS; Seite 179 links: © NASA, JPL, DLR; Seite 179 rechts: © International Space Station Crew Earth Observations Experiment, Image Science & Analysis Group, NASA Johnson Space Center; Seite 180–181: © ESA; Seite 182: © NASA, JPL, University of Arizona; Seite 183: © NASA, ESA, Lowell Observatory (J. Spencer); Seite 184: © NASA, JPL, Science Faction (R. Ressmeyer); Seite 185: © NASA, ESA, University of Michigan (J. T. Clarke); Seite 186: © NASA, ESA, Hubble Space Telescope Comet Team; Seite 187: © NASA, ESA, STScI (H. A. Weaver und T. E. Smith); Seite 188: © NASA, DLR; Seite 189: © NASA, JPL, University of Arizona, DLR; Seite 190: © NASA, ESA, STScI, JPL (J. T. Trauger); Seite 191: © CNES, D. Ducros; Seite 192: © NASA, JPL; Seite 193: © NASA, JPL, Space Science Institute; Seite 194–195: © NASA, JPL, University of Colorado; Seite 196: © NASA, JPL, Space Science Institute; Seite 197: © NASA, JPL, University of Arizona; Seite 198: © ESA, D. Ducros; Seite 199: © NASA, JPL, Space Science Institute; Seite 200–201: © ESA, NASA, JPL, University of Arizona; Seite 202: © C. J. Hamilton (Daten: NASA, JPL); Seiten 203, 204/205: © NASA, JPL; Seite 208–237: © ESA, DLR, FU Berlin (G. Neukum); Seite 240: © NASA, ESA, The Hubble Heritage Team (STScI); Seite 242: © NASA, ESA, AURA/Caltech; Seite 244: © NASA, ESA, The Hubble Heritage Team (STScI/AURA), NOAO – Dank an: Hubble Heritage PI/STScI (K. Noll), USNO (C. Luginbuhl), Hubble Heritage/STScI (F. Hamilton); Seite 245: © NASA; Seite 246: © NASA, ESA, The Hubble Heritage Team (STScI/AURA); Seite 247: © NASA, ESA, STScI, University of Washington (B. Balick), Universiteit Leiden (V. Icke), Stockholms universitet (G. Mellema); Seite 248: © NASA, ESA, HEIC, The Hubble Heritage Team (STScI/AURA) – Dank an: Isaac Newton Group of Telescopes, Spanien (R. Corradi), NASA (Z. Tsvetanov); Seite 250: © NASA, ESA, STScI, Arizona State University (J. Hester); Seite 252: © NASA, ESA, STScI, Arizona State University (J. Hester und P. Scowen); Seite 253: © NASA, ESA, JHU (H. Ford), UCSC/LO (G. Illingworth), STScI (M. Clampin und G. Hartig), ACS Science Team; Seite 254: © NASA, ESA, JPL (R. Sahai und J. Trauger), WFPC2 Science Team; Seite 256: © NASA, ESA, STScI (H. E. Bond); Seite 257: © NASA, ESA, The Hubble Heritage Team (AURA/STScI) – Dank an: University of Illinois (Y.-H. Chu), Université de Liège (Y. Nazé); Seite 258/259: © NASA, ESA/STScI (A. Nota); Seite 260: © NASA, ESA, STScI (E. J. Schreier); Seite 261: ESA (D. H. Lumb); Seite 262: © NASA, ESA, The Hubble Heritage Team (STScI/AURA); Seite 264: © NASA, ESA, The Hubble Heritage Team (STScI/AURA) – Dank an: Caltech (N. Scoville), NOAO (T. Rector); Seite 266: © NASA, ESA, The Hubble Heritage Team (STScI/AURA) – Dank an: Cornell (J. Higdon), STScI (I. Jordan); Seite 268/269: © NASA, ESA, STScI (B. Beckwith), HUDF Team; Seite 272: © International Space Station Crew Earth Observations Experiment, Image Science & Analysis Group, NASA Johnson Space Center; Seite 275: © ESA, NASA; Seite 278/279: © ESA, CNES, Arianespace (Service Optique Video); Umschlag hinten: © NASA, JPL

Bibliografische Information Der Deutschen Bibliothek
Die Deutsche Bibliothek verzeichnet diese Publikation in der Deutschen Nationalbibliografie;
detaillierte bibliografische Daten sind im Internet über http://dnb.ddb.de abrufbar.

Titel der Originalausgabe: *L'Espace – les plus belles images*
Erschienen bei Éditions de La Martinière SA, Paris 2005

Konzept, Text und Bildauswahl: Volker Kratzenberg-Annies
Unterstützung bei der Bildrecherche: Stéphane Corvaja, Nadia Imbert-Vier

Deutsche Erstausgabe

Ein Unternehmen der La Martinière Groupe

Umschlaggestaltung: Fabian Arnet
Satz: satz & repro Grieb, München
Druck: Editorial Lloyd, Triest
Printed in Italy

ISBN-13: 978-3-89660-338-8
ISBN-10: 3-89660-338-8

www.knesebeck-verlag.de